軟體開發實務演練
別只當編程猴

Programming Beyond Practices
Be More Than Just a Code Monkey

Gregory T. Brown 著
陳健文 譯

O'REILLY®

目錄

關於本書

這並不是一本教科書，這是一本集結了一些能幫助您精鍊思考方式並處理好軟體發展專案之短篇故事的書。

您不會在本書中找到任何整理清楚的制式建議，相對地，您將看到身為務實開發者的我們所面對的許多問題，以及找出問題解決方法的思考過程。

為了鼓勵您以創意發想的方式來閱讀本書，我讓您成為每篇故事的主角。這應該會讓您感到怪怪的，在寫這段介紹時，我自己也覺得怪怪的。

我希望能透過讓您融入到故事情境的方式，讓本書所記錄的不只是一些從編程專家們所住的山峰上，流洩下來的一些嚴肅警語。我要您發問，如“若我遇上這種情況，我真的會用這種方式來處理嗎？如果不會，為什麼？”

閱讀本書時，請您打開內省的聚光燈，深入地質問自己的實務、習慣以及觀點。為了能有最好的效果，閱讀時手邊放本筆記，與朋友及同事分享您記下來的要點。這種想法是要引發進一步的討論，而不是只有單方面的資訊接收。

在每一則故事中，您將扮演不同的角色在想像的世界中遊歷，這些情境是為了傳達有用的經驗而精心建構出來的。其中最重要的部份是要讓您注意到真實的您與我為讀者所建構出來的角色間，所產生的摩擦與具意義的差異。

沒錯，聽來似乎有種雄心壯志的感覺，不過閱讀或編寫一本書的重點不就在於能讓自己有成長，能把事情做得更好嗎？我們現在就站在一起，有您的協助，我想我們會做得不錯。

把安全帶繫上，我的朋友，我們的旅程即將展開。

旅程

本書的軸線涵蓋了軟體開發生涯的各個階段，並將之濃縮成一本小冊子，讓您很快可以讀完，目的在於讓所有想要身體力行的開發者們容易取得其中的要點。

第一章：您是一位有能力的程式員，您想要透過以雛型讓人們瞭解新產品之概念的方式來發揮所長。

第二章：您的工作愈來愈複雜，您需要逐步調整現有系統，也有許多客戶需要支援。一方面要依照您認為正確的方式工作，一方面會面臨到要儘快將新功能上線的壓力。

第三章：您對匆忙決策造成的代價有了深刻的體悟，特別是在程式碼要與外界整合的時間點上。您從過往的錯誤學到了很多，並開始聚焦在業務、客服與技術工作間的複雜關係上。

第四章：您現已是一位經驗豐富的開發者。您有能力協助他人瞭解如何思考編程與問題解決，也開始指導剛踏入這個領域的朋友。

第五章：您已成為一位成功的教師，而且您的開發經驗豐富，即使在即時的演示會中，也能展現個人獨特的思維。您將運用這些技巧在教學上協助學生跨越理論與實務上的斷層。

第六章：您逐漸能掌握全局。您可以指出傳統軟體系統的弱點，並為其設計適當的替代方案，優化業務成果，讓工作流程更人性化。

第七章：您現已熟悉整個軟體產業，能夠在組織內工作，找到各個層面的問題並妥善處理。您的核心競爭力仍在軟體開發上，但您已具備足夠的經驗，能在各個層面上進行有效的溝通。

第八章：您開始懷疑整個資訊產業未來的發展。此時，您可以自在地選擇自己的職涯發展道路。因此，想清楚要往哪裡走以及為何要這樣走，開始成為最重要的問題。

因為軟體開發人員的職涯發展較像繞圈的螺旋線而不像直線，無論您目前的技術水準到達哪個階段，我鼓勵您閱讀本書所有的章節。

我寫的這些故事適用於許多層面，本書也沒有「初級」與「高階」這種分隔線。每一章都是獨立完整的，因此跳著章節讀是可以的…不過為了達到最好的效果，建議您順著章節的安排依序閱讀。

第一章

透過雛型構想專案

設想你正為一個機構工作，協助客戶檢視早期的產品設計與專案規畫。

不管你現正處理的問題為何，第一步都是要找出客戶腦中的想法，然後以最快的速度將想法轉化到現實世界來。對話與框線圖對找起點來說可能有用，但很快地你就需要進行探索式編程（exploratory programming），因為文字與圖表的功用只到此為止。

透過在整個過程中儘早呈現可運行軟體的方式，可讓產品設計變成是一種互動協作（interactive collaboration）。快速回饋迴路（feedback loops）能讓我們儘早發現可能的絆腳石，在它耗掉太多後續開發階段（成本會愈高）的時間與精力之前，將它剷平。

既使在最單純的軟體系統中，也會有許多必要的零件，儘早將它們組裝起來試著跑跑看，可以瞭解它們如何與其它零件進行互動。這是值得做的。就某些方法而言，每一個專案都不一樣，但上述的作法，適用於每一個專案。

這個禮拜，你將與搭檔薩瑪拉（Samara）一起開發一套音樂影片推薦系統的功能雛型（functional prototype）。剛開始的功能集並不需盡善盡美；只要能夠收集到許多對這套產品感興趣之使用者的回饋就可以。

在本章中…

你將學到探索式編程的技巧，它可以讓你在幾個小時內就能建構並提交出有意義的產品概念驗證。

從瞭解專案背後的需求開始

這是套全新的音樂推薦專案，所以你並不瞭解它應該具備什麼樣的功能。你們與客戶羅斯（Ross）坐在一起，討論如何啟始專案的執行：

你：嗨，羅斯！感謝您來跟我們開會。我的搭檔（薩瑪拉）也在這邊。我們已經準備好了，如果可以的話，我們可以開始討論。

羅斯：好，我準備好了。第一步要做什麼？

你：嗯，首先，我們想瞭解您想做音樂推薦系統的原因。瞭解一個想法從何而來的緣由，可以協助我們找出雛型應該要專注在哪些地方。

羅斯：好，當然。幾年來我們一直在部落格（blog）上貼出策劃好的音樂影片名單（curated lists）。我們與一些擅長為不同屬性的音樂建立名單的人士合作，使用者常可透過相關的搜尋，找到我們的貼文。

這些年來，我們在站上分享了超過 4,000 部的影片。這個音樂資料庫還不小，但目前找影片的方式，還是要一個貼文一個貼文地找。

我們開始思考如何讓我們的資料庫能更容易地為使用者來探索。考慮了幾種方法之後，我們認為建構出某種推薦系統，應該是可行的方式。

初版可以比較簡單，不過我們希望能儘快讓幾百位社群中的活躍使用者與部落格參與者，看到一些東西。

你：聽起來，這會是一個很棒的專案！讓我們進一步討論。

對專案背景有基本的瞭解之後，你繼續與羅斯就如何將這些粗略的概念組成一個可行方案談了幾分鐘。通常在專案發展的這個時候，會有一個問題浮現，即眼前的這個專案是要獨立執行還是需要整合到某個現有系統當中。

就這個案子而言，羅斯並不完全確定他要的是什麼。不過，聽到你說這個問題可能稍後再想會比較好，如此才可集中團隊的力量來思考是否能落實這個想法。他贊成。

你提出了幾種可以讓雛型更容易貼近音樂影片部落格閱聽眾的方法，也提出了一個簡單的解決方案：運用部落格本身來搜尋將在雛型中作為範本的影片。如此，新推薦系統中的內容，就羅斯或是其部落格的讀者而言，都是熟悉的內容，而且既使二個系統是在完全分開的碼庫（codebases）上運行，新應用程式與原本的網站間還是會有清楚的連結。

透過框線圖設定預期功能

隨著整個大架構的想法愈來愈清晰，你將重點轉到思考如何啟動專案的第一次迭代。在這個階段，框線圖是有用的工具，因為它能讓你呈現出將要建構的基本架構以方便溝通，同時也能讓大家對需要完成的工作產生共識—不會一開始就被實作細節所迷惑。

與其花很長的時間討論推薦系統各種不同的實作方法，你建議由「最單純的可行版本」[1]開始做起。

> **你：**先試著做第一版的基本使用者介面，我們可以從中間有個影片播放器的頁面開始做。可在播放器下方，擺一些推薦影片的縮圖（thumbnail images），這些縮圖是照播放中的影片而挑選出來的。你覺得這樣如何？
>
> **羅斯：**還不錯，滿合理的。不過我要實際上看到頁面後，才比較能瞭解這樣做好不好。
>
> **你：**我們在聊的時候，薩瑪拉已經在製作框線圖了，我們可以用它來繼續討論。請等一下，我把圖傳到網路上…

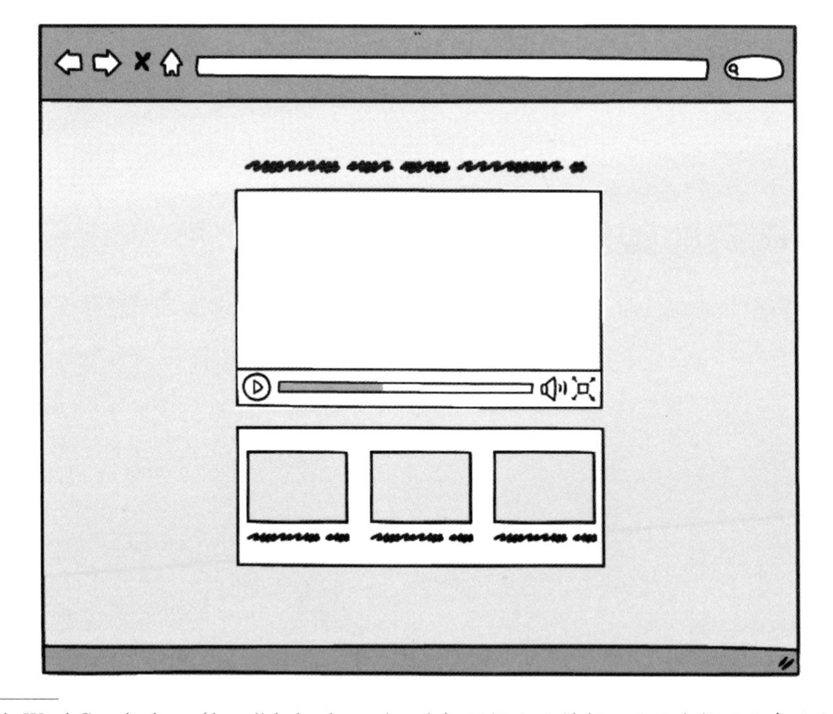

1 這個由 Ward Cunningham（http://pbpbook.com/wardc）所提出的構想，目的在提醒你專注在工作目標上，不要因想像未來的成本或利潤而迷失。

你：你覺得如何？一開始，我們儘量從簡單的做起。

羅斯：很棒啊。很類似我在網路上看到的一些影片播放器，做成這樣的話，我們的使用者也許比較容易理解。

你：太好了！在我們繼續討論下去之前，薩瑪拉跟我會在實際的網頁上做出類似這份草圖的頁面。我們會先用佔位圖（placeholder images）來代表頁面上的元件，所以很快就可以弄好，它有助於測試一些基本的假設，讓我們知道後續的工作應該如何進行。

羅斯：沒問題，如果你認為這樣做有用，那就做吧。

你已經準備好要動工了，但薩瑪拉似乎有些猶豫不前。你問她怎麼了，她說在你請羅斯對介面草稿提出看法時，她剛好想到一個更好的介面。

與其照原本設想好的工作流程，薩瑪拉建議建置一個一次顯示一段影片且帶有「讚（thumbs up）」與「遜（thumbs down）」按鈕的播放器，讓使用者可以表達自己是否喜歡該影片。旁邊可以再安排一個大的「下一段影片」按鈕，按下後可以馬上播放另一段推薦影片。這跟在電視機上轉台類似，不過智慧型系統可以猜你接下來想看什麼。

這個想法很棒，不過實作起來可能沒那麼簡單。經過初步討論並作出取捨（tradeoffs），薩瑪拉接受先從最簡單的開始做起的看法，因為這是讓專案能展示可行性給客戶看的最快途徑。

開始寫碼時即架設即時測試系統

快速雛型的重點是縮短專案中相關人員的距離：不管是在開發人員與客戶之間或者客戶與其顧客之間。

為了滿足這些需求，建造出每一個人可與之互動的系統是非常重要的；它可以讓大家試用而不只是在紙上談兵，也易於讓你分享目前的工作進度。瞭解情況後，你著手進行在互聯網上架構網頁應用程式並讓雛型能夠運行的準備工作。

因為你正使用一套合用的應用程式架設（hosting）平台，通常這代表你正透過常用的網頁製作框架（web framework），設定一個通用的"Hello World"頁面，然後將程式碼上傳到能偵測出所使用工具（toolchain）的 Git 儲存區（repository）上。自此，這個平台會負責安裝所需的相依套件（dependencies）並自動啟動網頁伺服器。

雖然網站的 URL 如 *bady-robot-pants-suit.somehostingprovider.com* 目前看來很怪，但你只用了幾分鐘，應用程式就在互聯網上開始運行了。

到這個階段，你還沒辦法知道是否可以一路使用這個製作環境直到專案完成，但其實你並不擔心這點。你正在寫的是用來取得客戶設定之目標閱聽眾有用回饋的探索性功能（exploratory features），而且在產品完成交付之前，你的程式碼早就功成身退了。

建立基礎架構時，你並不需要完整實作每一項功能—甚至不需要馬上就架設資料庫，因為確切的需求還不明朗。現階段本來就不需要面面俱到，所以你要負責有技巧地將不必要的功能移除。

「我們應該稍微修飾一下外觀嗎？」薩瑪拉問道。

你停頓了一下，想著這個問題，但下一秒你就想到了 YAGNI 法則[2]，這個問題的答案很明確。

「不用。若這個雛型的目的是為了弄出流暢的展示用軟體，供行銷活動上要呈現的螢幕錄影（screencast）之用，我們可能從一開始就要將注意力放在外觀上。不過就這個專案而言，我認為羅斯只是要讓他的幾個朋友看這個雛型，讓他們回饋一些對功能面的看法。最重要的是，因為這是一套簡單的影片播放應用軟體，無論如何，介面應該會相當精簡才對。」

薩瑪拉似乎被你的回答給說服了，既使你只是再一次地選擇權宜的作法而不是看來優雅的方案。不過，你們已經共事夠長的時間了，現在的這種狀況，只是你們習慣的溝通方式而已；薩瑪拉也常常把想太多的你，從許多顧慮中拉回來。

你花了幾分鐘把常用的 CSS 框架接上，薩瑪拉則將一些佔位圖（placeholder）組好。這些弄好了之後，你接著寫一些簡單的 HTML 碼將這些影像排到分格版面（grid layout）上，影像帶有寫好（hardcoded）的標題。

你為了將歌曲標題排好並定好其大小，用了稍長的時間。但你很快地意識到二個重點：目前這些細節根本不重要，而且應該要讓某些東西先跑起來再說！

你將目前寫好的碼不加修飾地佈署出去，一下子網頁就活靈活現地出現在網路上了：

2 你並不需要它（You aren't gonna need it，YAGNI）（*http://pbpbook.com/yagni*）—聲稱功能在真正需要之前才應該被加進來的設計法則。

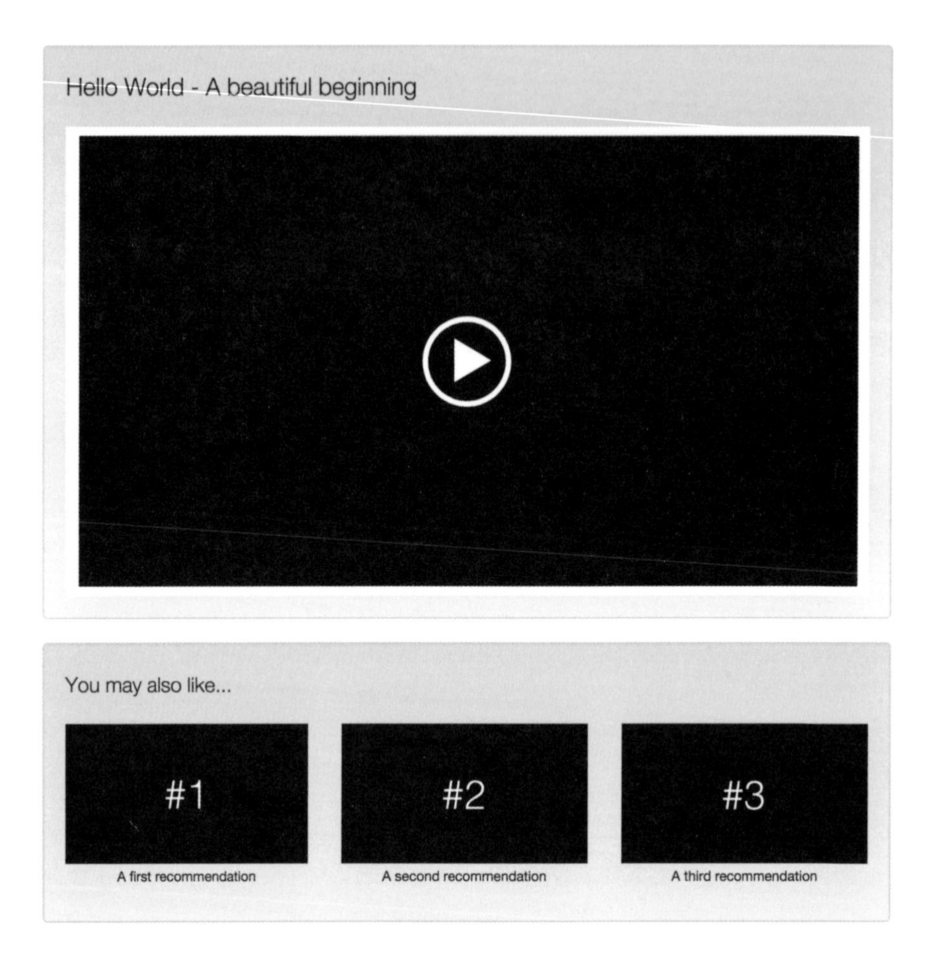

網頁目前看來並沒有什麼特別之處，你開始擔心客戶能不能瞭解為何你要給他看這麼陽春的東西。

為了檢查你的假設，你問薩瑪拉對目前網頁的看法。她認為既便是最簡單的事也應該在第一時間與客戶溝通，提早詢問客戶的意見總比讓客戶等在那邊要好。

比較確定後，你提醒自己第一次迭代的目標是架設好一個可運行的系統，能夠很快地在其上佈署新的版本，並且啟動整個探索專案的過程。自此，客戶可以直接與軟體互動，這也能加快專案的進行。

你傳給羅斯一個短訊，讓他知道你有進度要讓他檢查，在收到他的回應前，你可以利用這個空檔，稍事休息。

討論所有缺陷務實面對所需的調整

回到辦公桌前，羅斯已經回訊給你了：

> 開發團隊你們好！
>
> 我剛試了一下，網頁在我的筆電上看來，與薩瑪拉畫的草圖差不多，這樣應該可以。
>
> 我也用手機試了一下，但網頁看來就有點奇怪。這些影片是滿版的，推薦影片被顯示成一長串，而不是並排在一列上。
>
> 我們不需要很快地就要讓網頁看來很美觀，不過，我們希望要讓所有推薦影片可以列在同一個畫面上，而不是要滑過一些滿版影片才能找到。
>
> 你有什麼看法嗎？
>
> —羅斯

如薩瑪拉之前所預料的，既使像是這麼簡單的首版，也會有一些問題。你不可能一次就做好，但重要的是你如何處理這些問題。

你知道行動裝置 UI 的問題是迴避不了的，但你也不想就卡在這個地方。比較恰當的回應也許是再重新畫一張網頁的草圖給客戶看。

薩瑪拉開始用手機連到幾家比較受歡迎的影片網站上，觀摩幾種常見的版面設計。然後她畫了一些類似的頁面，去除較不重要的外觀裝飾，保留基本的頁面版型。

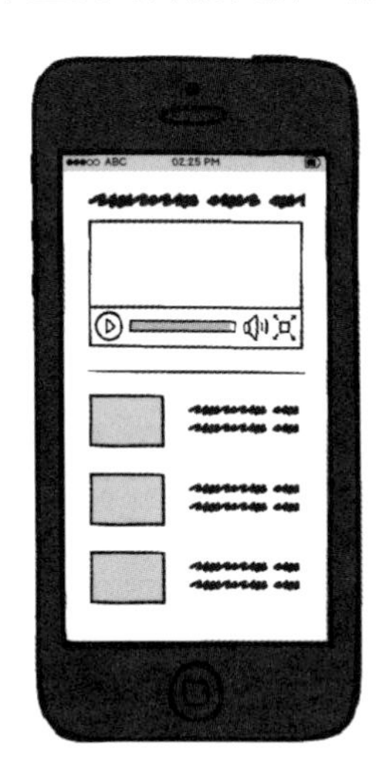

你將這張線框圖寄給羅斯，並花幾分鐘跟他討論下一步要做什麼：

羅斯：謝謝你們畫的草圖！看起來它會是一個很好的起點。

你：很高興你認可它。現在我們需要決定：要馬上修正手機版的畫面還是先將它擱著之後再做？

薩瑪拉跟我都覺得應該要先做一些有用的推薦功能出來，然後再一路修改 UI 下去。

也就是說，若你覺得手機版的設計在早期收集回饋階段就很重要，我們可以先花一點時間把這部份處理好後再繼續。

羅斯：相較於現在就處理，之後再處理會不會多衍生出一些額外的問題？

你：我覺得應該不會。這套推薦系統大部份的工作都會先串好，因此電腦版的 UI 應該不需要有太大變動。若因為某些原因需要調整主要的 UI，我們還是需要先畫出手機版的草圖。

羅斯：好，那我們就緩一緩。不過，若有先期試用者回應沒辦法方便地透過手機來操作系統，也許我會改變主意，目前我們可以先等到開始收集回饋後，再來操心這個問題。

找到軟體中的問題時，你可能馬上就放下手邊的工作去處理這個問題。不過，在專案的探索階段，重要的是如何在每一個問題成本與該問題處理成本間，取得平衡。

在這個範例中，不用在處理行動版樣式小部份調整的時間，就可以用來探究音樂影片的資料集並瞭解推薦的規則。不過，讓客戶瞭解你將如何處理未來可能遇到的問題，也有助於事先避免在小事上投注過多精力的風險。

儘早且經常檢測假設

與羅斯進行這些先期溝通後，你大概知道他只是想為他的音樂社群創造出一些樂趣，比起「打造世界上最複雜的音樂播放服務！」或類似的目標，要單純很多。

不過，我們還是需要儘早檢驗對一些事情的假設。初版草圖著重在應用軟體的 UI，現在應該要開始討論它的運作方式了：

你：接下來我要請教比較技術性的問題…

我們要實作的推薦方法有什麼規則？

羅斯：噢…嗯…我原本希望能瞭解你們對這方面的看法。幾週前，我們都還不確定這個專案是不是有執行的價值，目前我們還沒有對這方面進行深入的研究。

你：其實這個部份有許多選項可採行，從最簡單的比對到運用機器學習的複雜方法都有。要採行何種方法視現實條件而定，雖然不管用哪一種方法我們都能幫你開始進行開發，但這個領域並不是我們所專精的。

羅斯：我不確定這能不能讓你們比較容易瞭解我們的需求，不過，我們目前的部落格都是以列表方式來呈現的（比方說，「十首您可能從未聽過的麥爾戴維斯（Miles Davis）作品」、「1980 年代的紐約現場嘻哈表演選集」或「適合家庭聚會時播放的聖誕歌曲」）。

我們希望這個推薦工具能協助閱聽眾不受到這些列表的限制，能在不同列表中找到他們可能會喜歡聽的作品。因此，比方說，他們可能正聽著一首 1980 年代在紐約現場演唱的嘻哈舞曲，我們就可以幫他們找到相同樂團或歌手的作品，或是其他 1980 年代的嘻哈舞曲等。

你：OK，我們可以從這方面來思考，謝謝。我想薩瑪拉跟我可能要用一點時間來消化這些東西，明天我們再讓你看一些想法，這樣好嗎？

羅斯：太好了！謝謝你們的幫忙；跟你們一起討論滿有趣的。

上述的討論確認了這個案子應該只需要一個簡單的推薦系統，而且羅斯對實作的細節似乎沒有太多的堅持。這個專案做起來應該會很順利，不過如果他對專案還存有更複雜的想法，早一點把這些想法挖掘出來會比較好。多提問無傷大雅！

儘可能為工作設立範圍

至此所做的所有事都只是為了要找尋專案的切入點，現在你可以捲起袖子，做一些正事了。目前還有一些未知數要探究清楚，光研究薩瑪拉所畫的原始草圖幾分鐘，就可以找出一些關於實作細節的問題：

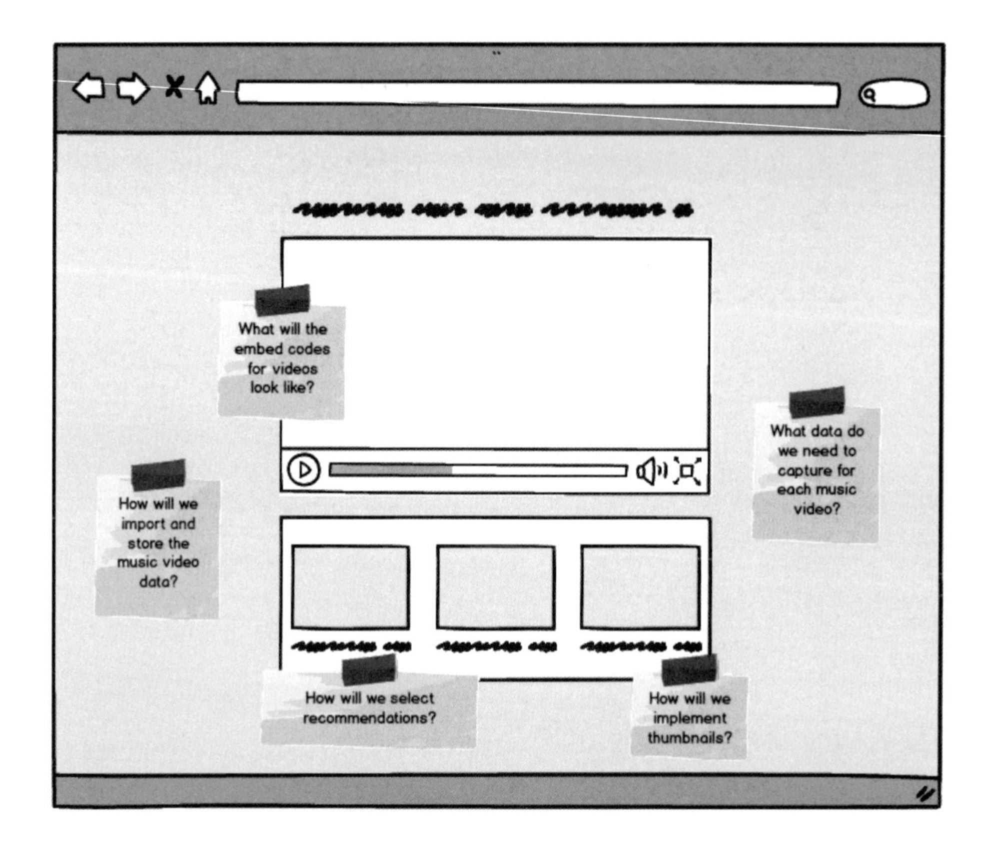

這些問題並非依序出現，但在你開始動手之前，你需要為它們安排優先順序。

就你與薩瑪拉所找到的 5 個重要問題而言，有 2 個看來比較簡單：如何為這些影片產生內嵌碼（embed codes），及如何產生縮圖（thumbnail images）的 URL。

你連上羅斯的部落格播放其中的音樂，想要找出提供這些影片的所使用的服務。你也點進了幾條貼文，檢視其原始碼以瞭解其中的結構。

「大部份貼文所內嵌的影片是使用 FancyVideoService 的服務。內嵌碼遵循標準的格式；每段影片間用其專屬的識別碼（identifier）來區別。

「縮圖呢？這些縮圖有沒有什麼玄機？」

你遲疑了一下，然後更密集地點部落格貼文中的連結，一直到你沒有再找到沒看過的結構。

「看起來他們的網站實際上並不是使用縮圖，目前我看到的都是嵌入影片，我想我們要把這些縮圖找出來才行。」

你花了幾分鐘在互聯網上搜尋，不過並沒有找到任何關於如何擷取 FancyVideoService 影片縮圖的官方說明。不過你還是找到了一則部落格貼文，說明他們內部使用的 URL 格式，很容易透過與影片嵌入碼所使用之相同的唯一識別碼，來產生縮圖的連結。

根據羅斯部落格上的影片，你手動製作了幾個縮圖的 URL，雖然還不確認這種方式是不是原廠所支援的使用案例（use case），但縮圖是可正常顯示的。目前看來雖沒有問題，但你還是必須要在專案完成前與 FancyVideoService 聯絡，以確認這種方法是官方所允許的存取方法。

排除了這些瑣事，你可以回到檢視模版（mockup）時關注的重要問題上：要收集這些音樂影片的什麼資料，如何儲存這些資料，以及如何使用這些資料來產生有用的推薦。

你與薩瑪拉開始討論一些方法，不過，很快地就意識到討論的焦點愈來愈偏離重點。於是你回到那個最經典的問題上：「最小可行版本是什麼？」

沈思了一會兒，薩瑪拉的靈感冒出來了。

「我們要不要從比對演出者來著手？根據正在播放的影片，隨機選幾首由相同演出者所表演的歌曲來呈現。」

「好主意。我想在羅斯把雛型送出去收集回饋前，我們還需要想出一些比較複雜的方法，不過目前我真正需要的是能呈現在螢幕上，供我們互動討論的東西。」

表演者比對是簡單的起點，因為這個功能所需的材料不外乎是 FancyVideoService 的影片識別碼、歌曲名稱以及表演者的名稱而已。若你從羅斯的部落格上抓出一些歌曲，就可以形成足敷運用的資料集。

「我們應該怎麼處理資料的儲存？我應該提前預防一些…」

薩瑪拉為了讓事情保持單純，突然打斷你的話。

「目前還不需要想那些。我們可以先用一些陣列，直接寫出一個簡單的資料集，然後透過這些資料來產生推薦。」

「你知道那樣子做撐不了多久，對吧？」

「沒關係，它也不需要撐很久。」

薩瑪拉已經準備好了，所以你要她在你整理歌曲名稱、演出者與影片識別碼時，寫一些程式。

15 分鐘之後，你們二個就在線上弄出看起來有模有樣的半成品[3]了。

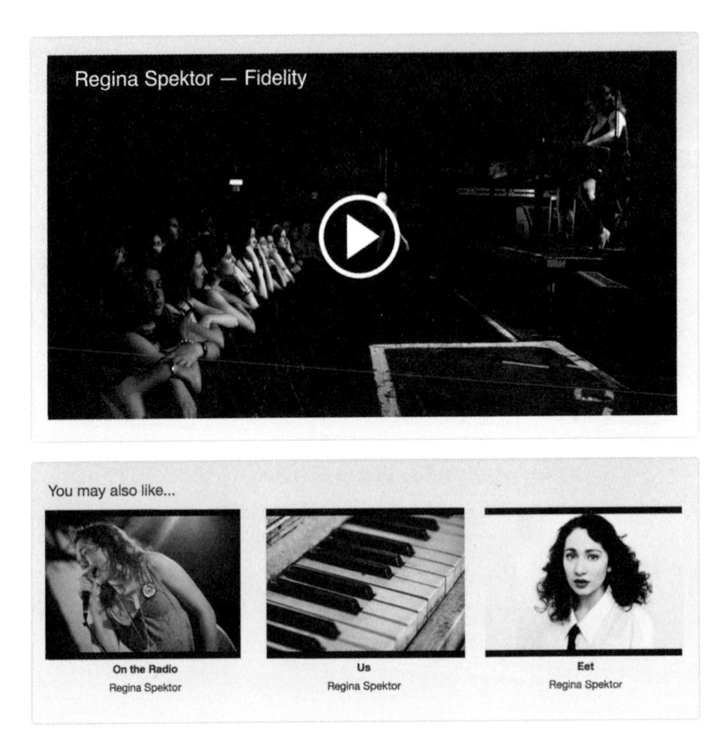

為了呈現目前的進度與未來的走向，在結束今天的工作前，你傳了今日最後的紀錄給羅斯：

> **你：**嘿，羅斯，你現在連上網站就可以看到我們做了一些看來像音樂推薦系統的東西。雖然目前功能有限（只能使用表演者比對功能），但我們覺得你應該會對我們目前將一些元素組合在一起的結果，很感興趣才對。
>
> **羅斯：**哇噢！做得很棒。比起只能與臨時代用影像互動來，這感覺好多了，它看來似乎已把我心裡想要做的大部份東西都實現了。

3　影像來源：Piano（*http://pbpbook.com/piano*）；Regina #1（*http://pbpbook.com/reg1*）；Regina #2（*http://pbpbook.com/reg2*）；Regina #3（*http://pbpbook.com/reg3*）

我覺得你們會在明天把更多有趣的推薦方式加進來對不對？這個系統並不需要太潮（fancy），不過，多一些推薦方式的選擇，而不是只有表演者比對的推薦方式，當然更好。

你：沒錯。我們仍持續在思考其他的方式，不過要明天才能讓你看進度。

羅斯：太好了。再次謝謝二位。能在一個工作天內就看到想法被實作成初版的雛型，我實在太高興了。

你與薩瑪拉架構出來的基本**運行骨架**（*walking skeleton*）[4]，在未來的迭代中，將愈來愈豐富有趣。

當工作第一天的大部份時間都用來將零件組裝好就定位後，你已取得開始探究真正問題的先機。如果你直接就從思考如何解決整個問題著手，可能比較難以找到著力點（starting point），整個過程中也會遭遇到許多障礙。

今天的時間所剩不多，你決定用下午的時間來處理一些瑣事、瀏覽部落格貼文，也透過手機上網抓寶，以換取一些互聯網上的點數。

切記雛型並非產品系統

就這樣安靜地過了半個小時，薩瑪拉帶來了令人振奮的消息，打破了沈寂：

「嘿，FancyVideoService 的客戶部門傳回應給我們了。」

「真的嗎？我不知道你有寄電郵給他們，你哪時候寄的？」

「你跟羅斯在討論的時候寄的。我想早一點把這點弄清楚比較好，不過，這麼快就收到回覆，我也很訝異。」

你站她的座位後，從她肩膀上的空隙往電腦螢幕上看：

嗨，薩瑪拉：

因為我們要分享影片，要能支援較多的使用案例，就技術上而言，直接連結到我們站上影片的縮圖，並沒有違反我們的規定。

4 運行骨架（*http://pbpbook.com/skel*）是對一項功能的一組小型流程（end-to-end）實作，它是一個起點，讓你思考涵蓋它的系統架構。

> 不過，我們沒有為這種存取方式提供支援，也不保證 URL 的結構不會變動。我們亦保留拒絕不當使用這項服務之存取操作的權力，我們會自行判斷並為適當之處置。
>
> 比較好的作法是在我們的開發者社群下註冊，然後使用我們提供的資料存取 API。透過這種方式來查找縮圖的 URL，既使在未來我們的 URL 結構有更新，你的程式碼仍可正常運作。
>
> 註冊開發者社群的另一項好處是，若你的程式碼不小心違反了我們的服務條款，我們會通知你並說明如何處理這類問題。
>
> 希望上述說明有助於解決你的問題，祝你有個「美好」的一天！
>
> —莎拉

知道官方允許開發者使用這個功能後，你鬆了一口氣，既使現在的使用方式並不是 FancyVideoService 建議的。

為了節省時間，你決定先以這種非官方公開支援的方式來產生縮圖的連結，不過你也將這個問題記錄下來，讓負責產品正式版的開發人員知道有這件事。

你很滿意今天的進度，圓滿的一天。

設計容易收集回饋的功能

隔天早上，你一進辦公室就看到白板上寫滿了昨晚你離開時還沒有的筆記。你很好奇薩瑪拉做了些什麼，你開始看白板上的筆記。

「喔，哇噢！羅斯會愛死這個。早上妳幾點進辦公室的？」

「約一個小時前。吃早餐時想到這個點子，我就趕快進辦公室先來玩看看。」

薩瑪拉看來像是睡眠不足，但因為你很喜歡這個點子，你也就沒有問她昨晚幾點睡覺。

「嗯，我們要開始做這個嗎？初步看來很不錯，你寫的那些非常非常棒。」

「已經做好了，請看網站。」

你坐回椅子上，花一些時間玩玩剛寫好的新功能。這些功能都運作得很好，就第一次要交付的雛型而言，已經很好了。

「妳怎麼這麼快就把它做好了？我原本就以為妳會像我們之前所做的那樣，把功能修整一下，沒想到妳在一個小時內就做了這麼多事。」

「喔！你應該不會想要看這些程式碼。看到那些推薦分數了嗎？它們全部存放在一個瀏覽器的伺服器紀錄（cookie）裡頭。」

要能拿捏出專案何時該快該鬆，何時該紮實地進行需要練習，目前你信任薩瑪拉的判斷。你透過網路戳了羅斯一下，想知道他對新功能的看法：

> **你：**嗨！羅斯。我們這邊上了新的版本，麻煩你有時間檢查看看。只要連到網站上就可以看得到，我可以逐項說明這些功能。
>
> **羅斯：**我會儘快利用時間看。謝謝。本來我想說你會在中午左右才會有消息，這真是一個令人愉快的驚喜。
>
> **你：**這些是螢幕截圖[5]，呈現出瀏覽一些影片之後的頁面，你一定要親自操作看看，才能完整體驗其效果。:-)

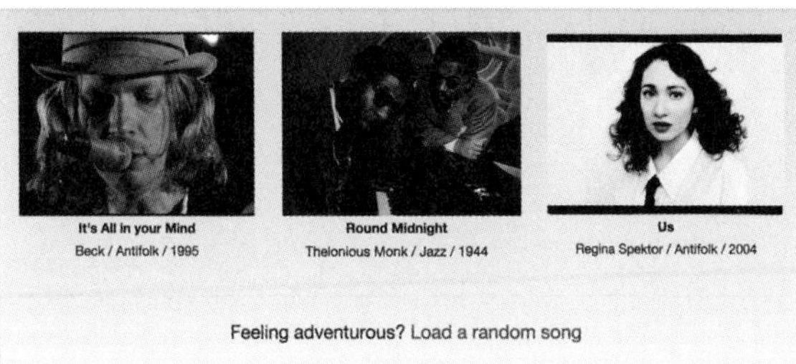

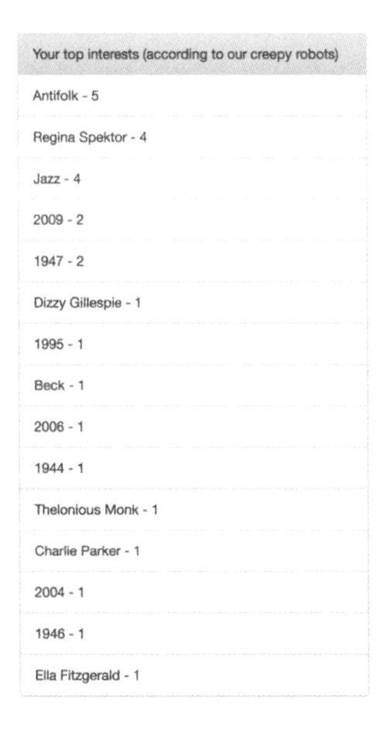

5 影像來源：Ella Fitzgerald（*http://pbpbook.com/ella*）；Beck（*http://pbpbook.com/beck*）；Thelonious Monk（*http://pbpbook.com/monk*）；Regina Spektor（*http://pbpbook.com/reg2*）

羅斯：我剛用幾分鐘試了新功能。太棒了！

我看到頁面上多了「感興趣」側欄，我們昨天並沒有討論到這個。你可以說明一下這個功能的用途嗎？

你：沒問題。在說明其用途前，我先要讓你知道，這個側欄並不會一直出現在應用程式的操作介面上。

因為要解釋推薦行為比直接試用這個功能要稍微難解釋一點，所以我們在頁面上就做了這個側欄，讓你可以看到標籤分數（tag scores）如何加到所選的影片上。每一個標籤都可點按，當你點按了一個標籤後，系統就會將所選類別中隨機挑出的影片帶出來給你。你可以透過這種方式來影響分數，以及調整推薦行為。

羅斯：你可以給我一個操作過程的範例嗎？

你：沒問題。請點按幾次“Thelonious Monk”，然後看看會有什麼變化。

羅斯：啊！我點了之後，民謠龐克（antifolk）風的音樂變得愈來愈不受推薦，而爵士（jazz）風音樂被推薦的頻率變高了。我想一直點到最後，系統應該除了Monk 的影片之外，就不再推薦其他風格的音樂給我了。

你：沒錯，現在你應該比較瞭解推薦系統雛型的運行方式了吧？

羅斯：我想這樣應該能讓我玩一陣子了，而且今天也應該能把雛型傳給其他人玩玩看，然後收集他們對雛型的意見。

之前因為推薦系統的運作方式，光只聽你用講的我不太能瞭解，不過，我**真的**很高興你們做出這個側欄，讓我能更快地瞭解它。很謝謝你們。

你：這是薩瑪拉的主意，我們會把它弄得更好。它可以讓你先瞭解一些系統運作的機制，看看我們實作出的一些規則。

***

羅斯：在將它送出去給人試用之前，我還有一個問題要問你：這些樣本的資料是從何處取得？

你：目前這些樣本資料是從你的部落格上，隨意挑選出來用的，之後我們會做個能讓你自行設定的機制。

系統目前是從一個 CSV 檔中，讀資料出來用的，你可以用試算表軟體來編輯這個檔。底下所列的是目前系統所使用的部份資料。

q97xzziKqOI	Charlie Parker	Chasin' the bird	Jazz	1947
zre0u5XyNfY	Thelonious Monk	Round Midnight	Jazz	1944
osIMFOeFoLI	Dizzy Gillespie	Groovin' High	Jazz	1946
9KwLWpU0_K0	Ella Fitzgerald	How High the Moon	Jazz	1947
tHAhnJbGy9M	Regina Spektor	On the Radio	Antifolk	2006
fczPlmz-Vug	Regina Spektor	Us	Antifolk	2004
MMEpaVL_WsU	Regina Spektor	Eet	Antifolk	2009
4RJob0jSCX4	Regina Spektor	Dance Anthem of the 80s	Antifolk	2009
Z6XiO0o2R7M	Beck	It's All in your Mind	Antifolk	1995

你：第一欄（column）是影片的唯一識別碼，它會出現在每一項 FancyVideoService URL 的最後面。第二欄是演出者的姓名，第三欄則是曲名。之後的每一欄可視為自行定義的標籤（tag）。目前我們只有 2 個標籤（分類與發行年），不過，你可以再加進需要的標籤，數量不受限制。

羅斯：等等…不知道我想的對不對？如果你將這份試算表傳給我，然後我在裡頭加進我要的影片資料，你就可以將它直接匯入（import），系統裡頭就會有這段影片，而且還帶有我設定的標籤？

你：沒錯。初步的想法是如此。剛開始處理時，我們可能要小心一點，因為這些資料的格式要正確設定好，運作起來才不會出問題。不過這方面若有需要的話，我們可以協助你正確地設定好資料。

目前我們需要請你從部落格的現有資料中，擷取出幾百首歌曲的資料，並產生列表，如此，我們就可以透過現行的資料來測試推薦系統的運作。

你提供上述資料後，我們再來研究看如何自動地將部落格上約 4,000 首歌的資料，轉到系統裡頭。這部份的工作，可以先緩一緩，稍後再來做。

羅斯：太棒了。我會儘快照你建議的來做，從部落格上整理一份列表來。之後，我會找一些熱心的網友，請他們今天就連上去試用雛型，今天晚上前，應該就可以傳一些回饋給你。我們就可以依據他們的回饋來調整。

很感謝你把這些都整合好了，做得很棒。

你：這個案子很有趣，你也幫我們很多忙，我們也感謝你。

儘管目前雙方都覺得滿意，但並不代表專案之後的發展就會一路順遂。如古諺所言，「魔鬼藏在細節裡」，在接下來的幾次迭代中，需要處理的細節會愈來愈多。在完成雛型階段前，可能會遭遇到預期外的重大問題。

不過這並不是說目前流程有重大的缺陷；你應該要將預期外的問題視為快速回饋迴路的副作用。雛型能協助你很快地建造出有用的東西，但它也會讓你很快地失敗。如果在花時間往死胡同鑽之前，你就能看到這條路行不通，表示你可以將精神專注在找正確的路上。

不論如何，你與薩瑪拉現在應該可為專案初期的順利進展而高興。專案發展初期所建立的善意與信任，有助於產生動能，讓你在進行創意工作中遭遇困難時，能順利地將之排除。

建議與提醒

- 提出可以揭示專案參與人員目標的問題。如此，不但可以驗證假設，也可以更瞭解相關人員對問題的看法。
- 透過線框圖（草圖）清楚地用應用程式的基本結構進行溝通，如此就不會陷入太多風格設計方面的細節。
- 開始寫碼時，就建立所有人都可與之互動的即時測試系統（live test system），初期的系統並不需要馬上就能上線運作；只要能收集到有用的回饋即可。
- 在專案的初期，要專注在工作中風險高或未知的部份。雛型可用來找出可能的問題，但它並不是最終的系統。

問題與練習

Q1：本章的音樂推薦系統開發工作，目前進行得相當順利。有沒有什麼可能做錯的事情（實際上沒有），會讓開發者不好處理的？

Q2：選出二項開發者為了貪圖一時方便而閃躲的工作。思考作這種決定時會需要有何種取捨？換言之，開發者犧牲了什麼來加快一點點進度？

Q3：設想看看，若客戶想要的是運用機器學習技術實作之較複雜的推薦系統，就專案雛型階段的發展方向而言，會有什麼影響？

E1：畫一些線框圖說明一個維基（wiki）網站的基本功能。接著重複整個流程，但畫出不一樣的介面。想想這二種實作細節間有什麼差異。

E2：拿你目前所使用的任何軟體工具或網站為例，假設你要從無到有將它實作出來。用個把小時的時間，想想第一步要怎麼開始。

嘿，你已完成第一章！做得很好。

為了感謝你所投入的努力，請享用這個與本章主題不相關的解迷遊戲[6]。

>	22	#	6F	!	>	AF	#	CA	#	34	>	A9	>	A2	00
00	00	>	A1	00	00	#	34	00	42	42	00	42	FA	F2	FE
?	21	#	68	>	57	42	3D	FA	F2	FE	42	3D	87	00	87
00	00	>	A1	00	00	#	34	00	00	3D	FA	F2	FE	00	87
42	3D	FA	F2	FE	?	5A	00	87	?	17	00	87	FA	F2	FE
00	00	3D	3D	3D	00	42	00	3D	FA	F2	FE	87	#	00	?
42	3D	FA	F2	FE	42	3D	00	00	>	A1	00	00	#	34	00
31	21	00	21	21	#	65	#	6C	>	CC	21	FA	F2	FE	45
?	FA	F2	FE	?	02	00	00	>	A1	00	00	#	34	00	45
31	31	00	FA	F2	FE	?	17	FA	F2	FE	21	21	00	00	45
31	FA	F2	FE	00	00	00	00	>	A1	00	00	#	34	00	87
?	31	00	?	02	00	00	00	>	A1	00	00	#	34	00	FA
31	?	31	FA	00	FE	00	00	?	17	00	FA	#	6C	>	20
31	#	00	00	>	A1	00	00	#	34	00	#	FA	FA	F2	FE
FA	F2	FE	00	FA	00	00	?	17	00	FA	F2	FE	CF	?	FA
FA	F2	FE	00	00	>	A1	00	00	#	34	00	FA	00	?	00

從頭開始，碰一聲就結束！必要時要跳來跳去，但別被這些干擾搞亂了。仔細觀察，你一定可以拼湊出隱藏在背後的訊息。

6 你不需要編寫程式來解這個問題，不過找張 ASCII 表來會比較方便。瞭解這個小圖靈泥沼（little Turing tarpit）背後的運行規則後，用紙筆就可在幾秒鐘內解開這個迷團。

第二章

在持續變革中找出背後的相依性

設想你正為一家販售產品的公司工作，這家公司以由高品質文件架構出的龐大知識庫著稱。

因為有很熱衷投入的客戶，很幸運地，業務推展很順利，許多客戶甚至會在自己的部落格上貼文或發表專文，分享如何有效運用你們公司產品的方法。

為了鼓勵正在開發的社群式學習資源，你被賦予建造出能與官方知識庫網站搭配之維基（wiki）網站的任務。

你希望能用一個獨立的專案來實現這個任務，但因某些無法說明的策略因素，你的產品經理希望你將新的維基功能，整合到現有的知識庫中。維基的部份會有一塊專屬的空間，但它需要共用某些碼庫（codebase）或基礎架構（infrastructure）。

這項任務的挑戰在於將維基上線，而且不能對現有網站有負面的影響。因為不需要改舊的程式碼來支援新功能，表面上看來似乎不難，但似乎隱藏著更深層的問題。

在本章中…

你將學到當產品碼庫（production codebase）為了能有新的用途而持續擴充時，將會衍生出許多問題。

沒有獨立功能這種東西

你花了幾天的時間弄出了一套最簡單的維基，所做出的功能看來與現存於知識庫系統中的非常相似。二套工具最主要的不同在於原本的系統只能被一些受信任的管理者使用，而新的維基則能由任何瀏覽公司網站的訪客編輯。

為了能得到早期的回饋，你將維基秀給比爾看，比爾是你的產品經理。比爾花了三分鐘操作它，轉過頭來對著你說，「看起來不錯喲，你在週五之前要把它交出去，可以嗎？」

急著要把這個新功能交出去，似乎不是一種好的作法。不過，在逆境中，你還是要盡力去做。你把事情安排好，開始思索當這個功能在產品上運行時，有哪些地方可能會出問題。

乍看之下，似乎沒有什麼好擔心的。維基在網站屬於自己的區段中運行，新增這個功能集時，你也沒有動到原本內容管理系統（content management system）的程式。既使這套維基本身最後掛掉了，應該也不會影響到網站的其他部份吧？

過一會兒，你發現有些事情需要注意：毫無限制地允許所有人建立並編輯頁面，從資料儲存的角度看來，會是一個很大的風險。

有許多可能的攻擊方式需要注意，如製作大型文件榨乾儲存空間，製作大量的小文件，或不斷地快速製作出文件讓儲存機制負荷不了等。

因為知識庫與維基本身使用相同的儲存機制，維基若受到攻擊，知識庫也會一併受到影響。這是基礎架構層次（infrastructure-level）相依性（dependency）的一個例子，在你檢查新引入到碼庫的調整時，不太能立即察覺到這類的問題。

這個想法會讓你注意到另一個重點：這 2 種工具都掛載在同一部網頁伺服器上。處理過程中就會自動將以 Markdown 寫成的維基轉成 HTML，並不需要特別執行什麼程序來進行轉換。想要破壞服務的人，甚至不需要等到儲存空間用盡；當 Markdown 轉換的請求（requests）超載，整個處理程序就會停止。

有鑑於上述的問題，你採取了一些措施來降低風險。這些作法並無特別之處，但應該可以避免災難的發生：

- 將網頁最大數量限制在 1,000 個檔以下。
- 將每一張維基網頁的檔案大小限制在 500KB 以下。

- 將維基 Markdown 的轉換程序移入工作佇列（work queue），並將佇列容量限制設定成最多可容納 20 個待辦事項（pending jobs），佇列超載時，將跳出「請再試一次（Please try again）」的錯誤訊息。
- 增加對維基頁面新增、刪除與編輯的監控—如果這些操作頻繁發生，可能是不正常操作時，警示機制就會啟動。
- 加入對知識庫網站的可用性監控，每分鐘檢查（ping）2 次，確保網站仍可使用且在可接受的時間內可以作出回應。這應該老早就要做好了，不過因改善監控機制的緣故，讓這個需求更清晰地浮現出來，此時是將這個功能加進來的絕佳時機。

這些考量本身並不足以完全防護網站，不過花個把小時來處理伴隨著共用基礎架構相依性而來的基本風險防護工作是值得的。

作完這些調整後，程式碼比較安全了，你感到比較安心，因此也讓比爾知道，這套工具已經準備好可以推出了。

若二功能共用一個畫面則二功能彼此相依

幾週過去了，正式上線後的維基並沒有大問題產生。

在初版推出之後，你馬上被賦予執行新專案的任務。因為你不需要再去想維基專案的問題，所以空出了一些時間。不過，就在今天早上，你收到行銷部姍蒂寄來的電子郵件，你的注意力被它吸引了過去：

> 哈囉，程式員伙伴：
>
> 我不知道你最近有沒有持續在觀察維基站的分析資訊看板（dashboard），我們觀察到上頭的流量有成長。
>
> 檢視分析資料時，我注意到一件事，即雖然我們的維基有接近 80 頁，但大部份的瀏覽者只看能從我們最受歡迎的首頁直接連到的文章。
>
> 如果不會太麻煩的話，我想請你花一點時間製作能協助使用者探索整個網站的新功能。
>
> 我想要有一個側欄（sidebar），其中會列出 5 個最受歡迎的網頁、5 個最新的網頁、5 個最近更新的網頁與 5 個隨機挑選出的網頁。

> 我們想要在每月的電子報中推廣這項功能，而電子報再過幾天就要寄出。因此，若你在那之前能花一些時間將這項功能完成，那就太棒了。
>
> —姍蒂

加進這個側欄是合理的要求，而且這並不是件複雜的任務。不過，就跟往常一樣，這是件臨時被要求而且急著要完成的工作，你會為它感到緊張。**這些在匆忙間完成的工作，之後會不會要耗費更多力氣來善後？。**

也許你可以跟姍蒂說，你需要多一點時間來將功能做好，這不會對其他人造成重大影響。不過，在跟她說之前，你覺得要先試著做，看看難度如何，估計一下所需時間。

除了維基頁的介面需要調整之外，新加側欄並不會動到現有功能。理論上，加側欄的風險似乎不高，但你知道進行實作時，情況有時很難掌控。

檢視姍蒂的需求後，你瞭解到列出 5 張最新頁面、最近更新的 5 張頁面與隨機挑選的 5 張頁面並不難，一個簡單的資料庫查詢（query）就可以將這些資訊撈出來。不過要找出最熱門的頁面，就比較複雜，因此，你目前暫不管熱門頁面的部份，先專注在簡單的工作上。

你先把這些簡單的查詢寫好，並將查出來的資訊先倒到維基頁右側還不是很好看的側欄中。雖然你只花了 20 分鐘就寫好這些，不過運作起來還滿順利的。你把這些包進一個功能切換器（feature flipper）中[1]，讓新做好的側欄只能讓開發者看到。2 分鐘後，這項功能已寫到線上版中，你已經可以讓它跑起來了。

第一次連上維基檢查時，側欄看來運作得很完善。裡頭列了出網頁連結，還附帶顯示了每一網頁最近更新的時間戳（timestamp）。

將網頁重新整理幾次之後，你遇到了第一個問題：該網頁完全沒辦法載入，你在網頁裡看到了常見的「很抱歉，發生了一些狀況。」訊息。這個看似不會影響到其他部份的調整，似乎將整個維基弄壞了！

檢查了電子郵件信箱，顯然已經有例外報告（exception report）寄到，等著你去處理了。你很快地找到問題的來源：有一部份舊資料紀錄中的「最近更新（last updated）」時間戳欄位裡頭沒有值（null values），這些資料是在你開始追蹤更新時間前就建好的。

---

1 功能切換（Feature flipping）是一種提供某些功能給特定使用者族群時所使用的技術。這些使用者可能是獨立開發者、一組測試者或一些網頁的實際使用者。許多開源碼庫都支援這種工作流程（workflow），你應該很容易可以找到可搭配目前使用之程式語言的功能切換工具。

這個問題是幾分鐘前才出現的，因為在之前的 UI 中還不需要顯示這些時間戳。這個問題並不難處理：透過主控台，將所有缺時間戳之紀錄中的時間戳，都設成維基推出時的時間，然後在未來新增紀錄的操作上加進限制，不允許新增沒有時間戳的紀錄，這樣就解決了。

從這個錯誤中學到的教訓是，更動資料庫架構時（schemas），一定要考慮到資料的一致性。不管在程式碼層次上，這個元件的獨立性做得有多好，在資料層次上，可能還是會有潛藏在底下的相依性。這表示在碼庫中用來支援某一功能的架構更動，可能會破壞其他看似無關之功能的運作—這正是此刻所發生的問題。

你為時間戳的問題佈署了一個快速修復，然後又開始為了檢查網站的運作情形，而按起了瀏覽器上的重新整理（refresh）鈕。接連按了 6、7 次後，你又找到了一個嚴重的問題，還好這個問題很容易就可以解決。

原先設計的側欄寬度是可彈性調整的，若遇到較寬的標題，這個寬度是可以配合再加寬的。不過這種半調子的想法並沒有考慮到，若有個維基的標題是「如何運用 WidgetProFlexinator 做出以往不可能做出的酷炫效果！」

若讓側欄可以延展以配合特別長的標題，頁面內容本身會被擠進一行窄到沒辦法閱讀的版面裡頭。雖然這種作法蠢得可笑，但卻能有效地呈現出另一種細部的相依性：若 2 個功能顯示在同一個網頁中，你必須要確保它們不會互相干擾。

你為側欄設了一個最大行寬，然後重新佈署。接著一直按重新整理鈕，直到相當確信維基中的每一張網頁都至少在側欄中呈現過 1 次。目前看來，一切順利。

你調整了功能切換器的組態設定，讓姍蒂的帳號也可以使用側欄後，傳給她一封電子郵件，讓她知道你目前的進展：

> 嗨，姍蒂：
>
> 我需要花一些時間來想想「最熱門」列表，不過，我們已經先弄好了 1 個實驗性的側欄來放置你所要求的東西。目前只有妳跟開發團隊看得到它，請試用看看並讓我們知道妳對它的看法。
>
> —你誠懇的程式員伙伴

不到 1 個小時，姍蒂的回信就進來了，你不僅傳給她一個具體的功能，讓她可以表達意見，而且也找到並解決了一個資料一致性上的小問題。對自己目前的進度感到滿意，你想稍事休息一下到外頭散散步。

避免非必要的即時資料同步

回到辦公室後，姍蒂的回應已經等在那裡了：

> 你好！
>
> 就功能面而言，目前的側欄很接近我們所需要的。不過還是有 2 點建議：
>
> 1. 「最熱門」列表非常重要，雖然還是有不少人是個別直接連進這些網頁來，但現今大部份的使用者會透過相關搜尋，或從被分享在社群媒體中連到特定網頁中的連結，連進維基來。目前並沒有將這些都一起算進去，我們希望這個部份要調整好。
>
> 2. 除了「電子綠（electric green）背景與淡棕色（light brown）文字」外，可以為側欄的佈景主題挑選其他配色嗎？我個人較喜歡知識庫網頁側欄的外觀質感（look and feel），不過其他不那麼刺眼的配色也可以。:-P
>
> 在週四前你們能夠處理好這些問題並上線嗎？
>
> —姍蒂

你經常刻意讓開發中的功能看來有些粗糙，避免讓其他人認為產品已經準備好可以推出了。不過她說的沒錯—電子綠是有點超過了。在繼續開發工作之前，你花了幾分鐘上傳了 1 個更新的版本，如姍蒂所建議的，將刻意扮醜的配色換成類似知識庫風格的配色。

你開始思考熱門度排名功能。要實作這個功能，你需要從網站分析服務抓資料。即時搜尋特定時段內造訪率最高的前 5 名就行了，不過，如此一來，每次載入維基頁面時，就會叫用該 API，這還滿浪費的。而且，更糟的是，這種作法還會引入不必要的外部服務相依性。

根據你過去的經驗，外部服務的整合工作，通常會產生一堆問題，因為這些服務隨時都有可能因各式各樣奇奇怪怪且令人不快的原因而失效。你必須假設每一個服務整合無法很快地作出回應，它可能會因為流量的問題而拒絕服務要求，它可能會有停止服務的時間，它可能回傳空的或格式錯誤的回應，或者它會產生逾時（timeout）錯誤—而且若上述情況都沒有發生的話，可能早晚還是會發生一些其他的情況，把你整得七葷八素。

如果一定要需要使用即時資料，除了投入時間與精神去編寫強健（robust）且容錯（fault-tolerant）的程式碼之外，別無他法。不過，就這個案例而言，一天只更新幾次訪客數，熱門度排名的準確度應該還算合理。因此，寫段最精簡的腳本程式（script）並讓它定時執行，也許就是最合適的作法。

你寫了一支連到分析 API 的腳本程式，查詢統計資料後，將每一張網頁的造訪人數匯入到應用程式的資料庫裡頭。這支由 cron 執行的腳本程式，每 4 個小時執行 1 次，而且若遇到任何錯誤或無法在合理的時間內完成任務，它就會通知你。因為這段腳本程式會在主程式外運行，多數情況下，間歇性的服務故障不太會造成影響。比較麻煩的是這段腳本若出問題，會讓熱門度排行資訊稍為過時。

以這種方式來做的話，只要再做一次資料庫查詢，就可以解決問題，比起「新網頁」或「最近更新網頁」，這項功能並沒有比較複雜。因為你的腳本會在一個獨立的行程（process）上執行，而且只會透過資料庫層分享資訊，如此也可以迴避在主網頁應用程式中，加入其他組態資訊或函式庫的需要。

花了幾小時將這些零件組好，今天就弄好功能完整且能上線運作（production）的程式了。姍蒂又再看過一次，她也覺得沒問題，因此你就將它開放給少部份維基的使用者，以檢查是否會有其他問題產生。

在合理的調整之後，側欄運作正常，你花了一些時間將程式碼整理好，打算在週四正式公開上線前，進行適當的檢查（review）。這些事弄好之後，就可以將調整好的程式上傳給所有人使用。之後的幾週，姍蒂就能看到分析資料會有一些有趣的變化，她想要的功能已經實作完成。

尋找程式碼在新情境下複用時的問題

自從上次處理維基的工作之後，已經過了三個月，大致上，它運作得很好。不過今天突然什麼都不對勁了。

你一進辦公室就看到比爾邊講電話，邊緊張地走來走去。你只聽到比爾這頭所說的對話，很明顯地，一定有什麼重大事件發生了。

「不是，維基當然不是由一家草藥供應商所贊助！我們並沒有在上頭跑任何廣告。」

「不是，super-cheap-pills-for-you.com 並不是這家公司的網域。」

「不是，我們不會在上頭開這種玩笑，也不會破壞這家公司的商譽，我實在不敢相信你會這麼說。」

「你第一次接到客訴是哪時候？今天早上？好，這是好消息。我們會先把這條線停掉，然後立即進行修復。」

比爾掛斷電話之後，坐回你旁邊。他開始試著解釋發生了什麼事，不過，你已經搶先了一步。

「在你剛提到草藥供應商時，我就打開維基檢查了，」你說道：「看來我們這頭出了大問題：我們允許使用 <script> 標籤，所以誰知道 Markdown 檔中會寫些什麼東西。我已經在寫修補檔（patch）了，目前會先將維基站的瀏覽先導到維護網頁上，處理好問題後再調整回來。」

啟動維護網頁後，你開始編寫能檢查 Markdown 文件中是否含有 HTML 標籤的腳本。如此就可以掌握受影響網頁的數量，然後才來看看該怎麼處理。

檢查報告指出目前維基有 150 張網頁，有 32 張網頁至少用了一些行內 HTML。不過，在這些網頁中，只有 12 張有使用 <script> 標籤。如果沒辦法很快抓出問題的話，會滿麻煩的。

你產生了一份清楚的連結清單，對應到檢查報告，並將這些連結分成三類：「不含 HTML」、「含 HTML 但沒有 script 標籤」與「含 HTML 也有 script 標籤」。你處理其他部份時，比爾一一檢查「不含 HTML」部份中的連結。

每一張內含 <script> 標籤的網頁，都有相同的功能。它會呈現模版視窗（modal），裡頭顯示「為您轉到贊助商網站，請稍候…」，接著它會將訪客導到 super-cheap-pills-for-you.com。這實在太讓人生氣了，不過還好這只是單一的不當誤用事件，而不是到處氾濫的問題。

在所有內含 HTML 標籤但不含 <script> 標籤的網頁中，並沒有找到任何問題。大部份的 HTML 看來都是由不熟 Markdown 格式的內容編寫者所寫成，所用的也僅是他們熟悉且慣於使用的基本 HTML 標籤。少數網頁會運用 HTML 進行較細部的操作，如呈現表格或內嵌其他網站的視訊。你看到這些內嵌素材的碼突然想起，<iframe> 是另一個可能內含不當操作碼的容器，雖然目前還沒發現其中存有任何異狀。

比爾檢查完內容只含有 Markdown 的文件，並沒有發現任何不當操作的情況。此時，維基不接收外界連線要求已超過半個小時了，你對問題也有較深入的瞭解。

你重新啟用維基的部份功能，以減少對使用者的影響。先從幾十個可能被影響的文件中，抽離其中的 <script> 標籤，然後佈署一些程式碼上去，讓維基中的網頁只有讀取權限。比爾通知客服小組，讓他們知道目前處理問題的進度，這時，緊張的氣氛似乎和緩了下來。

避開了急迫危機後，你可以開始對付造成問題的原因了：就一些可信任的管理者而言，Markdown 處理器運作得還不錯，但若給互聯網上來源不明的程式使用，可能就不安全了。

究其根本，這是另一個潛藏的相依性問題。你重複使用了能為某特定目的作出合理組態的一種工具，而不去考慮若將該組態套用在稍微不同的情境上時，可能會造成的不良影響。如此，你聚焦在二件使用案例（use cases）表面的相似性上，而沒有看到二者基本上的差異，這已影響到你的判斷力。這是一個不好的程式碼分享實務案例，要對此有所警惕。

再鑽深一點，你看到更麻煩的問題，即一開始就沒有明確禁止或限制使用 HTML 標籤，你似乎默許它們的使用。既使對你而言，這個問題很明顯，但沒有清楚的定義，會讓使用者認為這是官方支援的功能。

潛藏在其中的安全風險當然必須處理；避免讓匿名使用者任意將 JavaScript 注入到維基網頁中，是最基本的安全防護，不過，你也必須讓因你進行修復而產生的影響降到最低。

看清楚問題後，你決定不將所有 HTML 標籤移除。雖然它們佔所有維基網頁的比例並沒有很多，但某些靈活運用 HTML 的熱門文章，將被這種粗魯的調整永遠破壞掉。

你查了清理 HTML 的函式庫，終於找到適合拿來用的東西：它可以將所有 `<script>` 標籤拿掉，並限制 `<iframe>` 標籤只能連到特定受信任網域之白名單上的內容，而且它還會檢查可能造成問題的臨界條件。

為了評估這個調整對現有文件的衝擊，你比較了從 Markdown 處理器所輸出的 HTML 與每一張網頁清理後的輸出。大部份的文件並沒有被清理過程調整過，只剩下 5 張網頁在可以套用新規則前，需要手動調整。

為了確保這個問題不會再發生，你用今天下午剩下來的時間編寫了一些測試，檢測是否可以阻擋所有你想得到的惡意攻擊。這樣子做，雖然已讓你感到比較安心，不過你還是擔心，維基網站這個案子還會有其他的問題產生。既使今天的問題已經處理好了，這個擔心還是讓你戰戰兢兢的。

建議與提醒

- 不要只因為它沒有明確地修改到現有的功能，就認為這個調整能相容於之前的程式碼。反而要注意潛藏的相依性，既使是最簡單的更新也是如此。
- 注意許多自家碼庫之外的共用資源：如儲存機制、處理能耐（processing capacity）、資料庫、外部服務、函式庫與使用者介面等等。這些工具形成一種「潛藏的相依性網絡（hidden dependency web）」，可能會在看似無關的程式功能間，產生副作用或造成錯誤。
- 運用限制條件與驗證，在可能產生錯誤的地方，避免發生區域型的錯誤，這樣就不會對整個系統產生不良的副作用。另外，也要確保已製作監視裝置，如此，既使發生預期外的系統錯誤，也能很快地發現並處理。
- 在複用（reusing）現有工具與資源時，要注意情境的轉變（context switches）。若設想得不夠週全，任何在規模（scale）、預期效能或者是隱私層面上的變動，都可能會造成嚴重的問題。

問題與練習

Q1：在碼庫中的模組 / 函式間，有什麼因素存在，讓潛藏的相依性（如共用資源、服務基礎架構（infrastructure））比明確的相依性關係更難被發現？你有什麼方法可以讓它們更容易被發現嗎？

Q2：本章的許多範例中，存在一些簡單的安全性漏洞。試著至少想出一種在現實環境中，可能攻擊維基的方法[2]。你所想出的攻擊法會運用潛藏的相依性嗎？

E1：檢視 10 到 15 個自家專案已處理好的問題（bugs），找出與潛藏相依性有關的問題。製作一份檢核表，讓未來在檢查程式碼（code reviews）時，可以很容易找出類似的問題。

E2：選一個你熟悉的碼庫，並列出一些它所支援的功能。然後畫出一張潛藏相依性的網絡圖，將每一個功能間共用的資源呈現出來。

2 參考「CWE/SANS TOP 25 最危險的編程錯誤」（*http://pbpbook.com/sans*），以瞭解更多情境。

第三章

找出服務整合的痛點

想像你正維運一份已有付費讀者的程式員教育網誌，但付費讀者不多，沒辦法把它當成全職工作。

你與好友嬛（Huan）正維運一套自製的網頁應用程式，在上頭能發表文章，也能供讀者訂閱。剛開始因為資金不充裕，這個專案中絕大多數是用一些程式將常見的開源工具組織起來，再搭配一些網路的整合服務來營運。

經過了幾年，你開始瞭解到，使用不在自己掌握之下的程式碼會產生不少的開銷與風險。在設計自家軟體時，你已經有幾次因無法在遠端操作而產生問題的經驗，現在要整合外部服務時，你已懂得要更加謹慎從事。

今天你將與嬛見面，檢討今年的工作狀況，回顧幾件與第三方軟體整合搭配時，產生的一些困擾，想找出因應的作法。

你已向每個人說過，不會將這次的檢討弄成像「這該誰負責？」的批鬥大會，從這個角度切入的話，大家只會上火氣而少有創新的見地。與其如此，不如讓大家找出如何在未來能因應這類問題的作法，可能的話，能事先預防這類問題的發生。

在本章中…

你將看到第三方系統的幾種會產生問題的狀況，也會看到服務整合思維的缺陷，將演變成不當的決策。

遇特殊需求時應先規劃問題的因應對策

「先從方括號抽離（bracket stripping）問題談起如何？」嫚馬上就面帶猶豫地問，你的臉色逐漸轉紅。

這個問題實在讓你很尷尬，不過它的確讓你學到一些重要的經驗與教訓。現在確實是回顧它的好機會。

方括號抽離到底是什麼問題？它代表的是一種錯誤的假設，即透過第三方電子報派發服務所發送的純文字郵件，不管其內容是什麼，都不會被修改過再發送出去。

用一些測試郵件與對該服務說明文件進行大致的檢查，並沒有發現任何不妥當的地方。但在寄發第二封預計要發送的電子郵件時，你發現所有被 [] 字元括起來的文字，都默默地從訊息郵件上被刪掉了。

這是一個麻煩的問題，就內容不包含任何特殊字元的電子郵件而言，並沒有很大的影響（如果有的話）。但你要傳送的電子郵件，若裡頭有一些範例程式碼，則內容會被改掉，就會是大問題。這個問題會因為範例程式碼中常會出現 [] 這類的特殊字元，而更加嚴重。

你聯絡廠商的客服，想要找出解決這個問題的作法。他們的回應大致上是：「沒錯，的確有這個問題存在。不過，因為這種作法深植於我們發送訊息的基礎架構中，我們沒辦法處理這個問題。」

有一個建議的處理方式是在左右方括號間插入一個空白，不過這種方式只適用於部份使用案例，而不是所有的情況。問題在於，有些時候你真的需要以 [] 字串來表示；否則若有人要複製你的範例程式並執行看看，就會產生不容易發現的語法錯誤。

這樣一來，這個發送電子報的服務就沒辦法用來發送全是文字的郵件。於是你調整作法，打算將整篇文章放在網站上。這就是為什麼要嫚加入這個專案的原因（你沒辦法自己一邊要弄所需的網站程式，一邊又要為網誌寫文章。）

回想起來，這類倉促的決策應該是可以避免的。

若在將電子報服務推出供付費使用者前發現這個問題的話，你就不需要急著找辦法解決。

你試著找出是否有其他作法，但卻一籌莫展。你跟嫚說了，讓她瞭解狀況，看看她是不是有什麼辦法可以處理好這件事。

她建議，也許可以先做郵件發送的煙霧測試（smoke test）：「找一堆範例文章來，然後透過這個電子郵件發送服務去送，確保它可將郵件正確地轉傳出去。這樣也許可以找到什麼樣的方括號會被拿掉的原因，也不致於花太多成本。」

她的建議很好，不過有些地方讓你覺得不安。你腦子裡頭想著，為何不先想看看這些文章可以作什麼調整。這麼一想，腦袋就動起來了，開始研究這個可能讓你一開始就陷入困境的辦法：

你：煙霧測試一定對問題有幫助，不過我覺得沒有必要去做。而且這種作法本身就是問題。

理論上，我們應該要以存疑的態度來看待每套第三方系統，直到它被證實是可靠的。實務上，受限於時間與資金，我們得要預先防範才行。

嬛：所以你的意思是說，會碰上這個問題是因為你沒有仔細評估這套系統，就倉促地採用？

你：嗯，很明顯地，那時我是在找捷徑。看這套電子報服務的風評不錯，就直接採用了。看來這似乎是考慮各種選項時合理的方式，但結果並不是如此。

嬛：不過這個服務的確很受好評，難道這不重要？要是我的話，可能也會作出這種選擇。

你：你知道街尾那家好吃的漢堡店嗎？那家店總是人來人往，但這樣就代表它是最好的漢堡店嗎？

嬛：極趣漢堡！我愛極趣漢堡。為什麼你會說到它？

你：你覺得他們的魚肉三明治如何？

嬛：不清楚耶。我從來沒吃過，老實說，甚至連菜單上有沒有都不知道。每位客人都是去吃他們的漢堡吧。

因為嬛已經習慣了你常讓人摸不著頭緒的說話方式，她輕輕鬆鬆地就道出了你要表達的重點：就這個電子報發送服務的案例而言，你點了魚肉三明治而不是漢堡。

就這個被搬上檯面的問題，你花了幾分鐘說明有幾種不同的作法：

- 你可能要找找看是否有其他使用這個服務的人，以你預期要使用這個服務的方式，採用了這個服務。要找到與你的需求完全相同的案例可能很難，不過這樣做本身就會讓你有所警惕，讓你急事緩辦。

- 將這種罕見的使用案例視為理所當然是危險的，與其他未知的資源一樣，最好將之視為具有某種程度之未確定性的事物。這種風險可能會讓你編寫更多更全面的測試，也可能會讓你在正式運作前，花好幾個禮拜去檢查測試版本。
- 還有另一個之前從未被考慮過的重要問題，「若這個服務的運作情況並不如原先的預期，我們該怎麼處理？」—每次要在軟體系統中套用任何重要的相依性時，或許都該問這個問題。既使你只是對問題作一些推演，而不把它當作是可發展出一套可靠備案的方法，考慮這個問題都能讓你在遇到狀況時，不會那麼驚慌失措，也可預先作好較完善的準備。

切記外部服務可能會變動或故障

下一個案例探討（case study）是關於網站的登入系統有時會突然故障的問題。它讓你與嬛都感到很訝異。

奇怪的是，這個問題竟然與你們剛討論過的電子報問題有關。你們原本是要讓文章直接發送到訂閱用戶的信箱，如此用戶就可以直接閱讀而不需要再經過額外的操作。要變更這種設計會讓事情複雜許多。

因為這個電子報派送服務的問題，迫使你將文章移進網頁應用軟體中—而且因為你發表的內容只限會員瀏覽—你需要實作認證的機制。

強迫訂閱用戶去記帳號與密碼會是一種不好的體驗，所以你選擇使用多數訂戶每天都會使用的帳號驗證服務。透過這個服務，訂戶就可以不用再記另一組認證密碼，即可取得你們所分享的文章。

架設好這個服務並不難，開始進行開發之後，你不太需要去處理跟它相關的一些工作。也就是說，在發送第 35 期文章，收到應用程式例外回報系統所回傳的電子郵件派送問題警示前，你還不知道會有這種問題產生。

接到第一份錯誤回報訊息後，你在一個小時內就將問題修復，但可以想見，這樣的修復並不完整。你接著製作更完整的修補，但這個修補又引發了一個幾天後才發現的麻煩。

這個錯誤由技術上來說並不特別奇怪，不過你認為事先找到這個會產生問題的弱點，會產生一些有用的見解。為了要找出一些可能的解答，你覺得要先進行五個為什麼（Five Whys）的活動[1]。

嫚願意扮演調查員的角色，開始寫下一些問題：

為何認證系統會突然故障？

這套應用程式須依賴一組使用舊版認證商 API 的函式庫，但這組 API 不再繼續提供服務。在供應商關閉這組 API 後，登入功能完全無法使用。

為何要使用一組過時的客戶端函式庫？

認證是這套網路應用程式初期就實作的功能之一，運作起來完全沒問題。從那時起，每天寫程式時，就不會再去動它。

沒有人會想到底層的 API 有天會停用，更不用說事先會接到任何明確的通知。

為何會認為這組 API 永遠不會停用？

將這組客戶端函式庫整合進來時，並沒有人注意其實作的細節或者與它搭配的服務政策。

在功能開發出來之後，也謹慎考慮到與第三方函式庫整合跟使用第三方網路服務（web service）間的差異。

過時的第三方函式庫會持續運行—除非有不相容的調整被加進碼庫或與它搭配的基礎架構中。因為經費有限，這個專案的維護合約只規範不得已（如需要安全性修補或發生其他重要的問題）時會更新函式庫。

若與網路服務搭配的話則完全不同。因為這類服務必須與遠端系統互動，而且遠端系統又不在我們的掌控之下，它隨時都有可能作調整或停止運作。這件專案的維護計畫不考慮這種方式。

左思右想後覺得，因為這個認證 API 的服務很普遍，若供應商決定要進行調整或停用其 API 的話，他們應該會通知用戶才對。

---

1 五個為什麼（*http://pbpbook.com/5whys*）的技術透過重複詢問為什麼，將問題的情境展開，用來探究問題的根本成因。因為大部份的問題都不會只由一個因素所造成，為了以各種角度來探究問題，這個過程可以重複許多次。

為何認定 API 供應商會通知用戶？

認真想起來，其實每一家公司都會制訂自己的服務政策，除非服務調整內容的方式有清楚地寫下來，否則你無法確認會在任何服務變動前收到電子郵件通知。

此外，還有另一個因素會讓事情變得更複雜。在應用程式中使用的客戶端函式庫，並不是由認證服務商來維護，它是由一家第三方公司建置的。在我們將它整合進系統之後，已有另一版的 API 推出，從服務供應商的角度看來，這套工具是已變成是舊版（legacy）的客戶端。

提供認證服務的公司，其公告服務更新的方式並不恰當，只發了幾篇部落格的貼文，混在數百篇不相關主題的貼文中。在該公司的 Twitter 上也只是列出哪幾套 API 已停用（deprecated）的訊息。如果我們知道如何事先取得服務將會有更動的訊息，就可以在這種變動對客戶造成負面影響前做好準備。

為何在建置認證功能時，沒有先瞭解如何取得服務將變動之通知的方法？

這個功能是在與這個電子報派送服務整合後才做好的，它是為了避免耽誤到出版期限，能準時將文章傳送給訂閱用戶，而急就章湊出來的另一種方法。

有一大堆決策要作，在有時間壓力的情況下，每一項決策都沒辦法謹慎地思考周延。往好處想，其實從這次的電子報派送服務學到了一個教訓：即便是很受到歡迎的第三方系統，我們也不能完全仰賴它。

在選用第三方的服務的那一刻，多少還是會覺得它會正常地一直運行下去直到永遠。其實會有這種想法，大多是因為沒有處理服務相關問題的實務經驗所造成。

完成調查後，嬛作出結論，她建議你對目前手頭上正執行的專案進行稽核，檢查每一個專案背後所使用的服務，找出如何才能事先收到該專案將有調整的通知。你們都同意要儘快再撥出一些時間來做這件事後，又繼續進行相關的討論。

服務變動時要找出測試中過時的模版

雖然進行正式的「五個為什麼」活動之後，有找到一些有趣的觀點，但它並沒辦法讓我們完全瞭解到底有什麼地方出問題，以及這些問題的成因。在持續圍繞在相關議題進行討論後，你瞭解到—再次地—問題部份是由不完善的測試策略所造成的。

找到認證服務失效的直接原因與解決方法並不難，因為你是眾多依賴該停用 API 的人之一。搜尋網頁就能知道你的 API 客戶端程式需要更新—它似乎是一種直接了當的修復方法。

在還沒測試其影響範圍之前，對一套重要的函式庫進行更新並不安全。你仔細檢查了應用程式的驗收測試套件（acceptance test suite），看看它是否能合理地檢測認證功能—認證成功與失敗的情況都要涵蓋到。

有這些測試在，你感受到一點激勵，在函式庫更新後，看著這些測試一一地通過—你覺得運氣還不錯，而且在更新客戶端程式時，應該不用調整程式碼。先在開發版上作手動測試，然後再對產品版（production）作，看著它們順利運行時，你愈來愈有信心。

幾天之後，與認證服務相關的部份出現了例外報告，證明你太大意了。顯然，之前的測試必定漏掉了某些重要的部份，或至少，這件虛構出的事，也會讓你印象深刻，經過幾個月後你還會記得其中的一些細節。

***

你仔細地檢查專案的提交（commit）紀錄，以確認你的處理過程，可以預期的，你找到了造成最近這個錯誤的原因，問題由是一個模版物件（mock object）的更新所造成的。你把這件事跟嬛說，她並沒有特別感到訝異。

「完全正確」她說道「我們應該對 API 進行某種實地測試（live test）。不這樣做的話，測試永遠跟不上我們所設想的。若我們在發送每一份公告郵件之前就能做實地的測試，我們就可以事先將問題處理好，而不會影響到客戶。」

你的直覺反應告訴你，嬛的意見可能是對的，不過這有點事後諸葛，何況測試有相當的成本。

也就是說，你在檢查測試涵蓋時，要再多花一些功夫去探究原因。模版物件掛在底層，所以驗收測試檢測不到模版物件。因此，很容易就會忽略掉它。

函式庫升級後，在測試上看不出有任何問題，再以手動測試的方式，檢查功能是否能如預期般地運行。你覺得問題愈來愈清楚了。自動化測試可以抓到客戶端函式庫介面任何預期外的改變，而手動測試則可確認服務本身的運作是否正常。

就這個訂戶登入功能的一般使用案例而言，用這樣的方式來檢測是行得通的，也就是說，更新客戶端函式庫後所推出的第一套修補程式，可以處理現有客戶遇到的問題。又過了幾天，你們才注意到這套修補程式並不完整；當一個新訂戶要註冊時，認證系統就會出現錯誤。

這是一個奇怪的問題。現有訂戶要完成認證，所需的是對應到資料庫使用者紀錄的唯一識別碼（unique identifier）。不過，在建立新帳號時，你也需要從伺服器傳回的資料中取得電子郵件信箱。

這次更新的過程中，資料架構（data schema）雖有變動，但只有使用者細部詮釋資料（metadata）的部份有調整；識別碼並沒有變動。因此，目前的訂戶可以登入，但想要訂閱的新使用者，就沒辦法註冊，要等到程式碼調整好後，能操作新的資料架構時，才可恢復正常。

這些思緒在你的腦中轉來轉去，你不由得感謝嬛指出實地測試的重要性：

你：你說的對；實地測試認證服務對我們是有助益的。不過我也希望之前在稽核測試涵蓋時能更謹慎一些。

嬛：你還做了其他的事嗎？

你：我並不只是盯著這些測試看；我也一併檢查支援這些測試的程式碼。

一路看下去，就找到用來模擬認證服務回傳資料的組態檔（configuration file），檢查這個檔案，我覺得在升級時，這個檔案或許也需要一併更新。

嬛：沒錯。這是個好主意。未來我們要嘗試在檢查程式碼（code review）時，就抓出因服務調整而過時的資料模版（mock），而且至少要定時跑最基本的自動化測試以檢測服務。

你：這樣很好。

要準備好對付不良的自動程式

接下來要討論今天的最後一項主題，嫘建議要討論似乎有點離題的主題：即網路爬蟲在幾分鐘內會觸發數百封電子郵件警示的問題。

在你想到這個問題時，你開始瞭解為何她要討論這個問題了：在開放的互聯網上，你要操心的不只是自身的整合，也要注意那些不請自來，想要跟你整合的訪客。

你很快地把一些舊的電子郵件、票證（tickets）與提交（commits）找出來，仔細地追查一遍，重建出與問題相關事件的大致流程：

- 第一封例外報告在週三凌晨 3:41 寄到你的信箱，那時你剛好是醒著的，第一步就是將爬蟲的 IP 位址給阻斷掉。狀況和緩一點之後，你發了一封電子郵件請嫘進行調查，然後倒頭就睡了。
- 早晨起床後，嫘已經找到問題的源頭了，她改了二行程式，問題似乎已解決了。這個例外由一個查詢方法的錯誤實作所引發，讓伺服器無法以正常的方式回應，回傳 404 錯誤狀態碼。這段程式碼的路徑無法透過正常操作應用程式而連上；這是由胡亂寫成，用來攻擊伺服器之網頁爬蟲發出的怪異連結要求（request）所造成的結果。
- 在週五清晨 4:16，你觀察到一連串類似的例外報告。這個特定的錯誤與 IP 位址與之前的不同，不過這種怪異的連結要求與週三所觀察到的完全相同。網頁爬蟲在二分鐘內就發出了數百次的要求，然後就停了。攻擊雖有和緩下來，但情況也可能會變得更麻煩。
- 週五的正午時分，你傳訊息給嫘，想要找她來討論一下現況，但嫘並沒有回訊。那時，你發現到問題似乎是由她在處理原本那個問題時所寫的，進行小部份重構的程式所造成的（在第二波郵件攻擊前，你並沒有再檢查過這部份的程式碼。）
- 週日清晨 6:24，爬蟲對網站發動第三波的攻擊，引發一波與週五所觀察到的相同例外。此刻，你自己仔細觀察問題，並作了一個簡單的修補。你也加進一個回歸測試，直接根據爬蟲連結要求的類型而調整，以確保未來功能不會突然故障。
- 週一，你傳了一些電子郵件，說明哪裡出了問題、問題為何會發生以及還有哪些問題潛藏在表面下，讓事情變得更危險。

想起事情的來龍去脈令人沮喪，至少，眼睜睜看著事情一再發生，也令人感到慚愧。既使幾個月過去了，回想起這些問題，仍如芒刺在背般。

> **你：**很抱歉這次的事我處理得不好。
>
> 這些電子郵件寫得好像是你把事情搞砸的，但顯然是我沒有交待清楚，大部份的責任在我。
>
> **嬛：**也許這只是一部份的原因，我在處理這件事時也應該要謹慎一些。
>
> 沒想到，所有問題都跟電子報的發送服務有關，我原本也覺得你只是一直被垃圾郵件的警告訊息煩而已。

你最初的應變方式只針對表面的問題：你的電子郵件信箱不斷地發出收到垃圾郵件的警告訊息，這很煩人。這些錯誤根本就不是真正需要去注意的問題所在；這些是爬網機器（bot）做了一些我們壓根沒想過的事情之結果。

從高階一點的角度來看這個問題，你們的應用程式有漏洞，有人利用這個漏洞，啟動無限量發送電子郵件的機制。你們所使用的電子報服務，每個月能傳送的數量有一定的額度限制，每一封警告都會消蝕掉這個使用額度，這會讓事情更雪上加霜，

更深入檢查後，你還發現例外報告的機制，也是以相同的電子郵件派送服務來作為通知客戶的發訊系統。這樣的設計不好，在這個問題愈趨嚴重的時候，使用者將會受到影響。

若現在不把這個問題處理好，幾週後，你每月可發送訊息的額度可能會被這一連串的電子郵件消耗殆盡。不過，可能也不需要這麼久，系統發送電子郵件的速度已經跟機器人送出要求的速度一樣快了。服務供應商很有可能會因發送要求率超出其限制，而限制或甚至拒絕要求。

這是另一種層面的問題，缺乏經驗：你們已知道爬蟲程式在做一些奇怪的事，但在此之前你們都未曾經歷過它對服務所造成的負面衝擊。

根據電子郵件的發送歷程，你已感覺到有幾個地方可能會發生問題，但你並未明確地與嬛討論。這在當時並不明顯，今天進行回顧後你才明白，在緊急狀況下，成與不成的關鍵就在於明確地進行溝通，這是一個痛苦但有用的教訓。

切記沒有純粹的內部顧慮

花了一些時間來檢視幾個月前你寫在電子郵件上的檢討筆記，裡頭記錄著一些你與嬛現在才體悟到的重點：

- 無論覺得它們有多微小，為所有已找到的缺陷加回歸測試（regression tests），這是件重要的工作。
- 檢查測試組態中的模版物件很重要，如此在運作不正常之模擬 API 的客戶端通過測試時，你才不會被誤導，以為一切都正常。
- 例外報告系統與客戶通知系統共用同一套郵件發送機制會有風險。
- 寧可再找一支較完善的例外回報程式，能將類似問題整理在一起，而不是每一件例外都一一回報。

這些都是好的想法。這些想法現在看來理所當然，而且在最近的專案中，大部份都有做到，這是好現象。但為什麼一開始都沒有考慮到這些問題？為什麼要經驗過慘痛的教訓後，才會注意到它們？

> **你：**我想這些事情的背後都有一個共同點，那就是我們有個立意良善但方向不對的維護流程。
>
> **嬛：**何以見得？
>
> **你：**嗯，我們的服務宗旨是合理的。不管問題多小，我們優先處理客服問題，之後才去處理內部與品質及穩定相關的問題。
>
> **嬛：**那還會有什麼問題？我們不還繼續這樣子在做嗎？我想就因為這是一好事，所以你才會想要把它寫下來。

停頓了一下。你終於能夠把進行回顧時一直圍繞在你腦海中的想法寫下來：

「也許沒有完全是內部問題的事。程式碼與外面的世界溝通互動時，若運行過程發生意外的狀況，多多少少會影響到客戶。若多關注一些發生在我們系統邊緣的狀況，並且以謹慎的態度看待每一個問題，我們就能獲得更好的結果。」

在這一個小時內，房間裡第一次陷入一片沈寂。事情告一段落後，你跟嬛就往極趣漢堡走去，要去嚐嚐她們的魚肉三明治。

建議與提醒

- 若需使用外部服務，而且該服務並不是該服務商的招牌服務時要特別注意。如果你沒辦法找到很多其他人使用某服務成功處理類似問題的案例，這就代表這個服務並不見得能滿足你的需求。
- 切記函式庫與服務的主要差異：函式庫只會在碼庫或支援的基礎架構有改的時候發生問題，但若是外部服務的話，則可能在任何時間故障或變動其運作方式。
- 服務相依性有變動的時候，要注意測試中過時的模版物件。為了避免被錯誤的測試結果誤導，至少某些測試要在真正的服務上跑過。
- 將每一次的程式檢查（code review）看成是一種機會，進行服務相依性最小型稽核的機會—比方說，評估測試的策略，要想清楚要怎麼處理錯誤，或者要如何防止資源被誤用。

問題與練習

Q1：本章中的開發者受到網路爬蟲的侵擾。像這種不請自來的訪客，會以出乎意料的方式讓你的系統產生哪些問題？

Q2：假設你的生意中有一套核心的作業，需要仰賴一套服務整合：沒有它，整套系統就會停擺。這類的相依性對規劃、測試與維護的策略會有哪些影響？

E1：閱讀理查庫克（Richard Cooke）的文章「複雜系統為何會失效（How Complex Systems Fail）」（*http://pbpbook.com/cooke*）。找出至少三個與本章故事有關的庫克觀點。另外再找出三個你在工作上遭遇過的問題。

E2：對你一個線上產品的碼庫進行稽核，找出所有與之相關的外部服務。想看看這些整合（integrations）中若有一個失效，將會有什麼樣的影響。最後，記下如何才能降低風險，讓你的軟體更有彈性。

第四章

發展嚴謹的問題解決方法

想像你最近幾個月都在指導一位剛開始其軟體開發職涯的朋友。

約在一年前，你的朋友愛瑪投入程式設計工作，在那之前，她幾乎是自學上來的。為了要能更快地獲取相關經驗，愛瑪在工作上遇到困難的時候，有時會找你幫忙。

最近這幾個禮拜，愛瑪發現若她所做的是範圍界定清楚的任務，那她會做得很好。不過若其所處理的工作，是需要先整理一些細節後才能解決的話，那她就會比較沒有頭緒要從何下手。

瞭解自己本身會有這種障礙，愛瑪跑來請教妳，是否應該練習解一些程式設計上的問題。

你左思右想了一會兒，考慮到這些設計出來的問題，通常牽涉到一些不必要的實作細節，用比較麻煩的方式來表示資料，而且在其規則尚未被適當地整理好之前，不容易驗證。以這種方式來訓練程式設計實務技巧，並不恰當。但這種方式很適合用來鍛鍊一般性的問題解決技巧。

你找了一些愛瑪可能會感興趣的問題，讓她去解，你就在一旁協助她解決面臨到的問題。

在本章中…

你將學習到幾種直接了當的策略，以有條不紊的方式，拆解並解決具有挑戰性的問題。

由收集事實並陳述清楚開始

愛瑪從檢視「算牌（Counting Cards）」[1] 的問題說明開始，這是你們二人今天要處理的問題。她花了五分鐘就讀完說明，你嚇了一跳。你要她說明對問題的瞭解：

愛瑪：我已經瞭解這個問題背後的基本概念，不過我不太知道要從何做起。

你：那好。請妳說明一下目前瞭解的概念，我們來看看接下來要怎麼辦。

愛瑪：這裡有一些進行紙牌遊戲的紀錄，裡頭列出每一位玩家在每一回合中所採行的動作。你應該要在遊戲過程中，追蹤紙牌的流向，以便猜出每一回合中某特定玩家的手牌。

你：沒錯。我對這個問題的理解也是如此。妳覺得處理這問題最難的地方在哪裡？

愛瑪：嗯，遊戲進行中，你並沒有辦法完全掌握紙牌的動向。所以，我覺得你需要用消去法去猜每個人手上可能握有什麼牌？我一開始就在這裡畫了一個空格。

你：目前我的看法是，這個問題滿複雜的，只讀它的說明，沒辦法深入瞭解。我們從頭把一些重要的細節記下來，然後再看看可不可以理出一些頭緒來好嗎？

愛瑪：如果你覺得這樣做對我們有幫助，沒問題，我們就來做。

解決複雜問題的第一步，就是要過濾雜訊，找出訊號。與其在該議題上長篇大論，不如直接以範例來說明讓愛瑪瞭解。

你大聲地將問題說明唸出來，她則將重點記下，然後你們再互換角色，重複這個流程。重頭檢視過說明並將二人的筆記整合之後，該紙牌遊戲的基本規則就逐漸被整理成形了：

- 這個遊戲用一付標準的樸克牌來玩。
- 玩家每一回合可以有 4 種動作可以選擇：抽一張牌、傳一張牌給另一位玩家、從另一位玩家手上接收一張牌或者丟棄一張牌。
- 一位玩家在一回合中可以抽幾張、傳幾張、接幾張或放棄幾張牌，並沒有明確的限制。
- 一張牌被丟棄後，這局就不能再用了。

---

1 算牌（*Counting Cards*，*http://pbpbook.com/cards*）是 Eric Gjertsen 發明的紙牌遊戲。本章並不假設你已讀過該遊戲的說明，但若你要深入體驗的話，現在就請連上網站去閱讀這個遊戲的說明。

遊戲紀錄列出各種每位玩家每回合所採行的動作，不過所能提供的資訊，因玩家而異：

Rocky	所有牌與其動作的資訊。
Lil	列出每一輪幾種可能的動作順序； 你需要找到正確的那一種。
Shady + Danny	只會列出大家都看到的訊息，即你會知道他們是抽牌、 傳或者是接別家的牌，但無法得知是什麼牌。 棄牌則每一位玩家都看得到。

遊戲預期的輸出是列出在每一輪過後 Lil 的手牌。為了產生這張表，程式需要試出每一輪中她的每一個動作，然後猜出她的順序是哪一種。這就是愛瑪之前提過的消去法；接下來要想的就只剩下如何實作。

愛瑪花了幾分鐘重頭再檢查她所記的筆記，也重新思考如何處理這個問題。然後，突然靈光一閃，她想到可以用某種方式來著手：

愛瑪：喔！我知道了！如果我們追蹤已知牌的流向，就可以將會產生不可能結果的序列刪除…就像某玩家抽了一張棄牌，或試著傳一張已在其他玩家手上的牌。

你：沒錯。值得注意的是就整個問題而言，執行消去法的流程並不是很直接，不過你初步的想法完全正確。

愛瑪：我覺得我需要再研究一下這個問題，瞭解衍生這些相關問題的原因。不過我已經看過玩遊戲所產生的一些實際的資料，我覺得現在應該已抓到原因了。我們就從這個地方開始，用已知的資料來玩玩看，看結果會如何好嗎？

你：當然好！這辦法不錯。

在此之前，問題的說明就像是由一些無意義的資料所組成的，輸入的資料盡是些密碼似的符號，看都看不懂。不過，現在已經知道最後的結果會有什麼樣的形式，也找出了一個似乎可行的方法，愛瑪看問題的角度已經不同了。

寫碼前試著手動處理問題中的某一部份

在愛瑪在檢視第一組遊戲實際的資料時，你在一旁沈默了一陣子。這次要處理的，主要是瞭解語法（syntax）與遊戲紀錄的基本結構，在 Lil 每一回合的動作中，只會有一組正確的動作序列：

```
Shady +?? +?? +?? +??
Rocky +QH +KD +8S +9C
Danny +?? +?? +?? +??
Lil +8H +9H +JS +6H
Shady -QD:discard -2S:discard
Rocky -KD:Shady +7H
Danny -QC:Rocky +?? +??
Lil -6H:Rocky -??:Shady -8H:discard +?? -10S:discard +??
* -JS:Shady +10S +QS
Shady +KD:Rocky +??:Lil -KD:discard -??:Lil
Rocky +QC:Danny +6H:Lil -9C:Danny -6H:discard -7H:discard +3D +3H
Danny +9C:Rocky -AD:discard +??
Lil +??:Shady +?? -??:Danny -??:Shady +??
* +AH:Shady +8D -8D:Danny -QS:Shady +8C
Shady +??:Lil -7S:discard +?? -10H:discard
Rocky -QH:Lil +5D -8S:Shady -3H:discard -QC:discard
Danny +??:Lil +?? +?? -??:Lil -3S:Rocky -??:Shady
Lil +QH:Rocky +??:Danny -AH:Rocky -QH:discard
* +4D:Danny
```

十分鐘後，愛瑪將目光轉向你，似乎在尋求你的協助：

愛瑪：我不知道怎麼處理這個檔案。

你：妳指的是不瞭解這些動作，還是不知道怎麼寫程式去解析這個檔案？

愛瑪：不知如何解析檔案。比方說，我知道 +QH 代表「抽一張紅心皇后」，而 -??:Shady 則表示「傳一張不明的牌給 Shady」—但我不知道表達這類資料最好的模型是什麼。

Lil 的可能序列格式也讓我很困惑。我知道帶有星號的那一行是代表 Lil 動作中 ?? 的可能動作，但我不清楚要怎麼寫程式將它們接在一起。

你：老實說，我也不確定要怎麼設計資料的模型。在思考如何編程時，通常我會先以手動的方式來解問題；這種方式可以讓我在為實作細節傷腦筋的時候，先看清楚一些會變動的部份。

我們一步一步來檢查這些遊戲紀錄，看我們是卡在什麼地方。

在你手動更新每一位玩家的持牌狀態表時，愛瑪將這些動作逐一地再讀過一遍。在首次抽牌與第一輪過後，你得到下列的表：

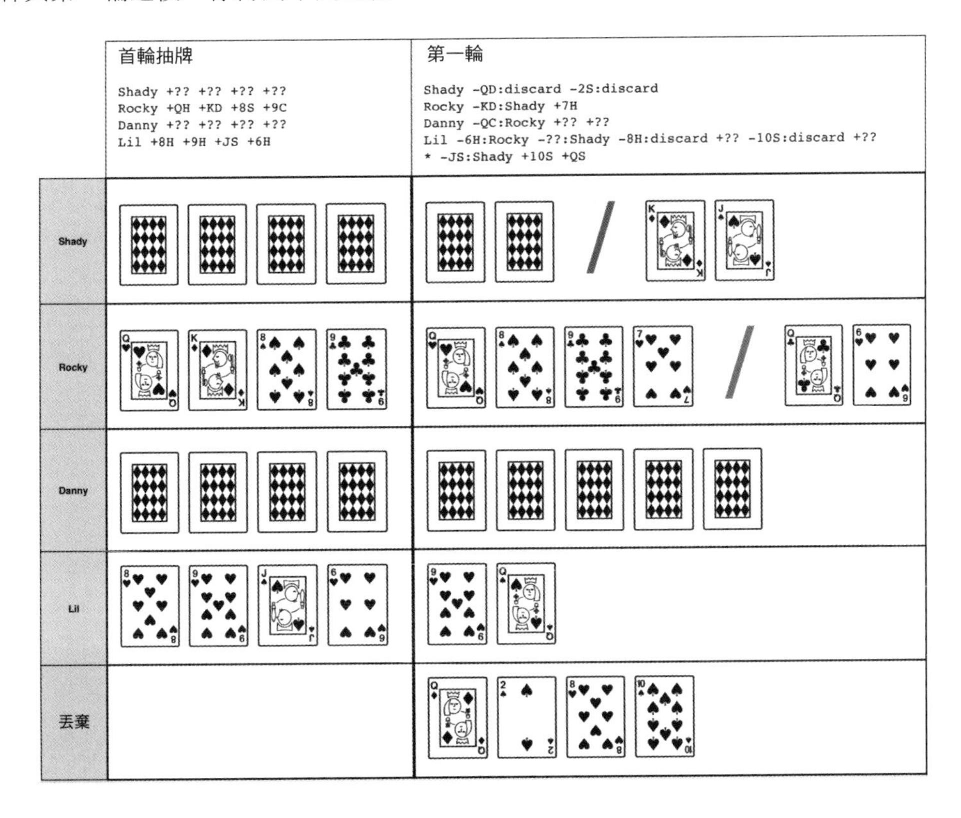

你仔細的檢查這張表，比較容易看得出問題底層的結構了：

- 發給一位玩家的一組牌稱為一手（a hand），會以插牌的順序排序。
- 一手牌中可能會有尚未亮出來的牌。
- 傳牌是 2 步驟的程序，在輪到接牌者玩之後，才算完成。
- 棄牌堆只能加進已亮過的牌。

有這些基本的概念之後，愛瑪開始寫碼要將手牌與棄牌堆的模型做出來。她開始寫一些功能對照到輸入檔案中的各式操作，像 `+QC` 這樣的操作，就會被寫成是 `hand.add("QC")`。

在編寫這些模型的過程中，愛瑪發現要更新玩家的手牌，除了在牌組上新增或移除牌之外，還要考慮其他的事。比方說，`discard()` 函式的作用要看那張牌是否已亮牌過，這就衍生出未亮過的牌要怎麼做模型。

正當愛瑪在做這些事情的時候，還有幾個類似上述問題的小「陷阱」出現，她開始覺得沮喪。不過當你提醒她，用手動的方式，只是要搞清楚整體的大架構，先別太拘泥於細節之後，她已明白在處理程式碼的一些細節時，遇到一些麻煩是很正常的。

愛瑪又處理了一些帶有邊界條件的案例，以手動方式處理問題時，很容易找到這些問題。終於，她寫的程式可在獨立的測試中正確運行了，因此她以手動方式將第一個範例資料集中的遊戲紀錄，轉換成在模型上叫用的方法。

愛瑪跑著她的程式，第一次嘗試就產生出正確的輸出，她覺得又驚又喜。這個小小的勝利很重要，因為這會讓她在處理後續工作時，有足夠的能量往前衝。

處理輸入資料前要先驗證

愛瑪將注意力轉到第二個實際的資料集上：

```
Lil +5C +2H +8H +6D
Shady +QH +AC +7C +2D +8C +3S -??:Lil
Rocky +KS
Danny +4H
discard +4D +7D +JS +6S +6H +2C +5D +3C
Lil +??:Shady -6D:discard -??:Danny +?? +??
* +8H:Shady -2H:Danny +JD +2D
* +8C:Shady -8C:Danny +JD +4S
* +QH:Shady -2H:Danny +7D +AS
* +AC:Shady -8H:Rocky +AS +8D
* +8C:Shady -2H:Danny +10H +9H +4C
* -8H:Danny +8C:Shady +4S +AS
```

因為注意這個檔案的格式有一點不同，以及第一個範例檔的排列方式，她回到問題紀錄上，閱讀關於這個範例的備註說明：

> 這個檔代表在輪到 Lil 動作前的某個回合。在這個範例中，你已知道每一位玩家手上有什麼牌，以及棄牌堆中有什麼牌。有 6 種可能的動作序列，其中只有一種是 Lil 真正會選擇的序列。試試看你是否能找出正確的出牌方式，然後推導出在這回合結束時 Lil 的手上有哪些牌。
>
> 要注意，這個範例中不合規則的分支，涵蓋了許多（不是全部）你很可能在遊戲中碰上之帶有邊界條件的案例。

愛瑪跟你說，她計劃從跑過遊戲紀錄開始，然後將遊戲過程中所有的牌都列出來，與你處理第一組資料集的方式類似。

這是一個好辦法，不過還有一些重要的事情要先考慮。你要她先檢查分支語法（branch syntax），在執行她的計畫之前，確定完全瞭解程式的運作方式。

為了檢測她的假設，愛瑪製作了一張表，裡頭列出每一分支中各個指令的執行順序。理論上，這只跟任何帶有 ?? 之動作要跟分支中相對應的動作的對應有關。實務上，結果往往是所有的分支並不會就這樣排得好好的：

Lil +??:Shady -6D:discard -??:Danny +?? +??		
+8H:Shady -2H:Danny +JD +2D	→	Lil +8H:Shady -6D:discard -2H:Danny +JD +2D
+8C:Shady -8C:Danny +JD +4S	→	Lil +8C:Shady -6D:discard -8C:Danny +JD +4S
+QH:Shady -2H:Danny +7D +AS	→	Lil +8H:Shady -6D:discard -2H:Danny +7D + AS
+AC:Shady -8H:Rocky +AS +8D	→	**與樣版不符！（傳錯玩家）**
+8C:Shady -2H:Danny +10H +9H +4C	→	**與樣版不符！（抽了 3 張牌）**
-8H:Danny +8C:Shady +4S +AS	→	**與樣版不符！（未依順序操作）**

愛瑪對此感到吃驚。你們二個也為此討論了一會兒，因為這裡學到了一個重要的教訓：

愛瑪：這好像為了要複雜化而把工作弄得這麼複雜。這並未能增加問題本身的趣味性，為何解謎遊戲的設計者會要我們多去繞這一圈呢？

你：嗯，我認為這應該是要讓這個解謎遊戲更有真實感。原始資料通常是凌亂的，在我們可以運用這些樣本資料前，作一些處理是很自然的。

愛瑪：你是說你已知道直接使用樣本資料會有問題，所以你才會要我以逐筆地去驗證資料嗎？

你：不是啦，只是要養成好習慣；否則，寫出來的程式很有可能就是接垃圾然後再將垃圾吐出來的。

看到有一個分支的格式不正確，你應該就需要去驗證*所有的*分支。找出這個問題只會花妳幾分鐘的時間，在計畫初期，這是一項很划算的投資。

在某些特定的情況下，假設資料的格式有效，大概是安全的賭注。不過，若不太確定，最好還是要謹慎從事，多作一些檢查。

愛瑪：好，我想我現在懂了。謝謝。

為了編寫出有效的方法，愛瑪需要處理 Lil 的回合，並將其中帶有 ?? 的操作抓出來。你建議她用套疊的陣列（array of arrays）來存放這類的資料，方便在程式中擷取基本結構：

```
Lil +??:Shady -6D:discard -??:Danny +?? +??

[[:receive, "Shady"], [:pass,"Danny"], [:draw], [:draw]]
```

如此一來，每一個分支都可套用相同的轉譯。若如此處理會產生一個相同的結構，則該分支至少會有正確的格式。若所產生的是不同的結構，程式就會立即將之標示為無效（invalid）。

愛瑪在一個範例檔中試著跑了 6 種可能的分支，並手動將每一行文字轉譯成你建議的格式。在這個過程中，她發現在 Lil 的回合中，前 3 個完全吻合結構，但最後 3 個則都產生無吻合（non-matching）的結構。

預期結構（+??:Shady -??:Danny +?? +??）

```
[[:receive, "Shady"], [:pass,"Danny"], [:draw], [:draw]]
```

傳給錯誤的玩家（+AC:Shady -8H:Rocky +AS +8D）

```
[[:receive, "Shady"], [:pass, "Rocky"], [:draw], [:draw]]
                      ^^^^^^^^^^^^^^^^
```

多抽牌（+8C:Shady -2H:Danny +10H +9H +4C）

```
[[:receive, "Shady"], [:pass, "Danny"], [:draw], [:draw], [:draw]]
                                                          ^^^^^^^
```

動作順序錯誤（-8H:Danny +8C:Shady +4S +AS）

```
[[:pass, "Danny"], [:receive, "Shady"], [:draw], [:draw]]
 ^^^^^^^^^^^^^^^^^^^^^^^^^^^^^^^^^^^^^^
```

你們二人依據這些想法一起實作出驗證的方法，然後使用相同的方法去建造遊戲紀錄（transcripts）的解析器（parser）。這一路走過來，愛瑪學會了一些處理文本（text processing）的技巧，但她並沒有專注在這個經驗上，很快地，她就將注意力轉到手邊正處理的問題上。

運用演繹推理檢查手邊的工作

將不當形成的分支排除後，下一步將會是對剩下來的 3 組分支進行邏輯驗證，以找出哪一組所列出的是正確的動作序列。此時，描繪出每一位玩家的手牌是必須的，因此，愛瑪就把一組手牌攤了出來[2]：

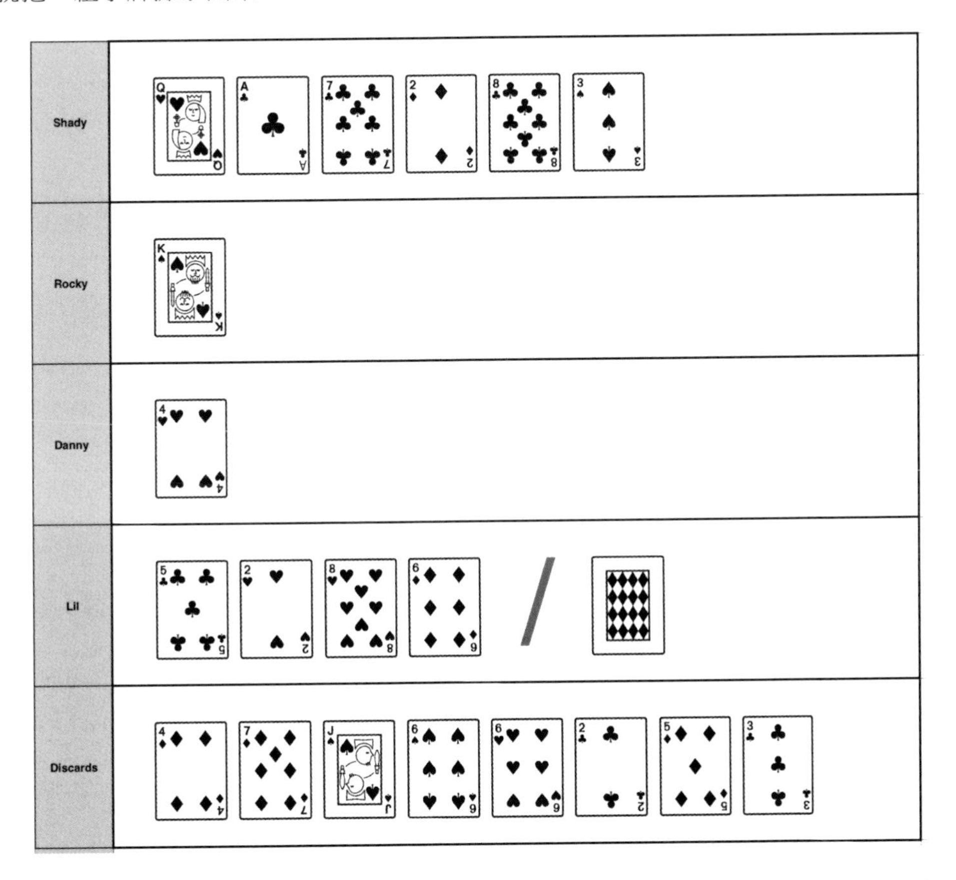

透過之前所產生的動作列表，愛瑪一一地跑過每一個分支，而且邊確認邊大聲地將序列唸出來：

> **愛瑪：**第一個分支是 `Lil +8H:Shady -6D:discard -2H:Danny +JD +2D`。
>
> 我一聽就知道這是不可能發生的。因為 Lil 手上有紅心 8，Shady 不可能在這個回合中將這張牌再打回給她。

2　除了一種情況外，每一位玩家的手牌都可推算出來：即 Shady 打一張牌給 Lil，但還不知道是哪張牌。也就是說，它是一張列在 Shady 那一列的牌。

你：沒錯！下一個呢？

愛瑪：第二個分支是 `Lil +8C:Shady -6D:discard -8C:Danny +JD +4S`。

Shady 確實握有梅花 8，所以她可以將它打給 Lil。Lil 手上有鑽石 6，所以也可以放棄這張牌。若 Shady 真的將梅花 8 打給 Lil，則 Lil 當然可以立即將它打給 Danny，所以到這裡都沒有問題。

最後，鑽石 J 與黑桃 4 並沒有出現在玩家的手牌中，也沒有在棄牌堆裡，所以 Lil 當然有可能從牌堆裡抽到這張牌。我認為這個分支是有可能發生的。

你：我覺得沒錯。因為這組數據只涵蓋遊戲的一個回合，既使連看都沒看，我們也知道（理論上）第三與最後分支是不可能發生的。不過，為了檢查我們做的這些，還是要作驗證。

愛瑪：沒問題，第三個分支是 `Lil +8H:Shady -6D:discard -2H:Danny +7D +AS`。

我一眼就看到這個分支與第一個分支有相同的問題；Shady 不可能打紅心 8 出來，因為它在 Lil 的手上。

你：幹得好；看來我們已經找到答案了。現在我們要以用來練習的這些資料組為起點，繼續探索真正的挑戰。

作者的筆記

在建構這些對話的過程中，我曾寫過一個錯誤的版本，它誤導我，讓我認為第二分支是無效的。一直到我寫“檢查以確認”那一行時，我才發現我搞錯了。很慚愧，不過這個有趣的巧合卻點出了本節的重點。

解決簡單問題以瞭解較難的問題

檢查過二組練習用的數據，能讓愛瑪有個穩固的立足點來繼續解這個謎，不過，困難的是將這些想法組織起來，以應付每一回合都有許多分支的真正遊戲。

再繼續往下走之前，你與愛瑪一起進行，以瞭解她要如何來處理接下來的工作：

你：接下來要怎麼做，妳能夠帶我走一遍嗎？

愛瑪：沒問題。接著要處理的資料集，基本上就只是我們之前看過那些例子的組合罷了，不是嗎？

你：沒錯。第一套資料集讓你瞭解遊戲操作看起來像什麼，從遊戲操作過程，你就能在遊戲開始進行後，追蹤每一位玩家的手牌。

第二套資料集讓你瞭解如何將 Lil 的可能動作集縮減，一直到你只找到一個不會導致不可能之操作的分支。

愛瑪：好。我應該更新這些程式碼，如此一來，每次我們走到該 Lil 發牌時，就可以把態勢不對的分支先排除掉。

之後，我們一次只看一個分支，執行它的動作序列。如果我們可以執行列在分支裡頭的所有動作，而不會遇到不可能的打法，那就代表正確的分支被我們找到了。

我不瞭解的是為何檢測用的資料集這麼小。每一回合只有三個可能的分支，而且只有五回合可走，如此，最多不是只需檢查 15 種不同的可能性就好了嗎？用手動的方式似乎非常容易。

你：不，實際上有 243 種不同的可能性。要知道為什麼，可以再繼續檢查檢測用資料集中，Lil 第一回合中的三個分支。運用之前所使用的消去法，看看你錯在哪裡。

愛瑪重新檢查檢測用資料集中的幾行資料：

```
Shady +?? +?? +?? +??
Rocky +5S +QH +6H +JC
Danny +?? +?? +?? +??
Lil +7C +3S +8D +9H
Shady -4H:discard -??:Danny +??
Rocky +10D -10D:Danny +4S +2D -4S:discard -JC:Lil
Danny +??:Shady +10D:Rocky +?? +?? +?? -4D:discard
Lil +JC:Rocky +?? -??:Shady +??
*  +JH -7C:Shady +10C
*  +JH -8D:Shady +9S
*  +JH -8D:Shady +10C

(... 接後續的四個回合 ..)
```

塗塗寫寫幾分鐘後，愛瑪注意到你希望她找到的東西：沒有往第一回合之後看，根本不可能刪除列為 Lil 第一次出牌所得的三個分支。

當她接著往下檢查時，愛瑪開始看到選擇一個特定分支，可能會導致未來要走的動作無法繼續，不過刪除可能性後，會比原本她認為可行的方式要更費功夫。可能需要一路玩到遊戲的最後階段才遇上一個死胡同，這讓資料集比練習資料集更難透過人工方式來處理。

搞清楚謎題的細節之後，反而又有許多問題需要思考。愛瑪先稍事休息，之後才開始著手處理。同時你也在想如何幫她處理這個棘手的問題。

愛瑪回到辦公室後，你拿出一個簡化後的問題給她，這是你建構出來，協助她瞭解所要完成任務的問題：

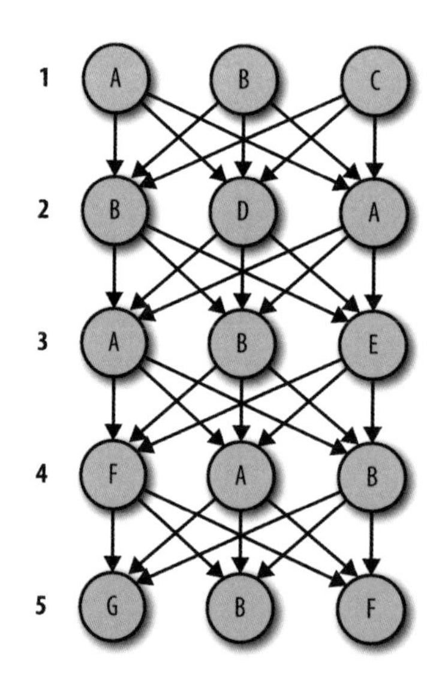

愛瑪：哇喔！好多箭頭！我可以在這裡看到什麼？

你：嗯，基本上這是**算牌謎題**的一個理想化形式。我知道它看來有點抽象，不過我保證它跟如何解這個謎題有直接的關聯。

它含有 5 組字母。這個謎中之謎的目標是從每一組字母中挑一個，如此，到最後，你要挑出 `{A, B, C, D, E}`。挑選字母的順序並不重要，可能繞很長才會把 5 個字都挑出來。

若隨意挑選的話，箭頭代表所有你可能選出的序列，從上端到下端，總共有 243 種不同的路徑走法。

愛瑪：噢，我知道你在做什麼了。這 5 組代表牌局的 5 個回合，每一組的 3 個選項代表 Lil 走法的分支，而 243 種可能性則是這些分支可能產生的不同組合。

瞭解問題的結構絕對有所助益，不過我還是不知如何將這些轉化成實作。你能給我更多提示嗎？

你：當然。假設你並沒有很瞭解攤開的這張圖（graph）裡的東西，不過你卻很清楚要達成的目標：弄到一組（照順序排好時）相等於 {A, B, C, D, E} 的字母集。因此，當你知道進入最後會碰上死路（dead-end）的分支時，就可以開始推導規則。你能試著想出一個嗎？

愛瑪：在這組中我看到一些其他的字母，像 F 跟 G。若我們碰上了其中的一種情況，就會知道它並不是一個有效選項，因此我們可以毫不猶豫地將這個分支刪除。

你：沒錯。就像是剔除遊戲中不符合 Lil 走法結構的分支。你能找到另一個更微妙的限制嗎？

愛瑪想了幾分鐘，發現若從二組以上挑到同一個字母，則不可能產生正確的輸出。比方說，如果你挑了前三組的第一個字母，最後會拿到 ABA。在只剩下二組可挑字母的情況下，絕不可能完成整個 {A, B, C, D, E} 這種組合。

你指出上述觀察與在牌局中製造出「不可能走法」的相似之處，愛瑪則展露出會心的微笑。

你：至此，我們已將謎題簡化成走圖問題（graph traversal problem）。我們用一個選取條件來辨別最後是死路（dead-end）的分支，然後一直迭代直到我們找到能讓我們一路走到終點的方法。

愛瑪：我瞭解選取的部份，但可能需要別人教我找出如何在不同路徑間進行迭代的方法。

你：嗯，這個資料集夠小，並不值得花時間去找某些漂亮的經驗法則來將搜尋空間變小。反之，你也許可以使用簡單的深度優先搜尋法（depth-first search）。

愛瑪：你的意思是：一直走最左邊的路徑，直到遇上死路，接著跳回上一層，再試著走下一條路徑，然後一直重複到最後？

你：沒錯！先試試看，邊走邊觀察圖並告訴我前幾個死路的樣貌。

愛瑪：ABA, ABB, ABEF, ABEA, ABEB…還要繼續下去嗎？

你：不用了。你已經將 AB 路徑窮舉完了。下一步應該要檢查 AD，接著重複這個過程，然後再繼續下去。

現在我要你做的是編寫能解開這個小謎題的程式。有需要時我會幫你，不過，它應該相當直接。

這個過程要花一些功夫，不過愛瑪終於讓她的程式跑起來了。最後她寫好一套可以遞迴地造訪圖，且能試著探索不同路徑的腳本（script）。

愛瑪執行著她的程式，然後追蹤它走原圖時所輸出的路徑，產生了下列的結果：

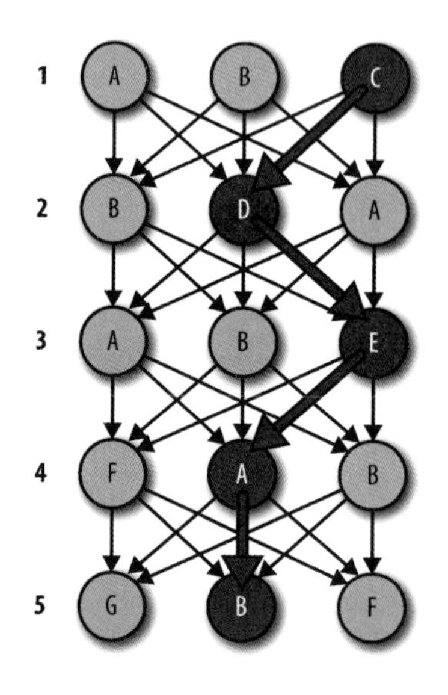

你：太棒了！妳在海裡撈到了針。現在我們是不是該回到原來的謎題上，也把它給解決掉？

愛瑪：如果你不介意的話，我比較想要自己來解決剩下的這些問題。到目前你給我看的東西對我的幫助很大，我應該可以繼續套用這個方式，把剩下的問題處理好。

你：嘿，這樣很好。如果你需要幫忙的話，請通知我一聲。一旦抓到重點，自己把它完成會更有成就感。我們今天所處理的問題，也著實讓我上了一課⋯

愛瑪：什麼課？

你：解決真實問題通常是一種個人的經歷，別人當然會幫助你，但到頭來，你還是需要自己去瞭解問題的所有細節，如此才能看到這些細節互相關聯牽扯的樣貌。這就是嚴謹完備思考的本質：非常精準地搞清楚某事物的大量細節。

愛瑪：很有道理。直白地說，若你可以接下一個複雜的問題，並如今天所做的這樣，將它拆解成一些小問題，它們就會比較容易解決。以往在著手解決尚未完全瞭解的問題時，常會有不知從何著手的感覺。現在我應該可以從不同的角度去觀察問題。

你：很高興你能有這樣的體悟。我不會騙人，這就是我們時時刻刻需要不斷提醒自己的重點。不過，你似乎已有正確的想法了。祝你處理剩下的謎題時好運連連！

在你收拾東西準備離開時，你看到愛瑪仍舊認真地在工作。剛開始處理這道謎題時，她完全不知如何下手，只是覺得它很有趣，現在她很有可能把這個謎題解掉。

建議與提醒

- 描述問題的一些原始資料常由一堆說明、範例與參考資料所堆砌而成。透過寫下筆記，將這些資料整理好，拿掉不需要的部份，留下核心部份的細節。
- 你遇上的每個新問題其實是由一些較單純的子問題所組成的，這些子問題是你所瞭解，也知道如何去解決的。持續將問題拆解成子問題，直到拆出的子問題是你能處理的。
- 較有挑戰性的問題會由許多零件所組成。要先瞭解這些零件彼此搭配組合的方式，而不要一頭就栽進實作細節中。寫碼前先在紙上一部份一部份地研擬解方。
- 在無效資料集（invalid data set）上套用規則，所產生的結果可能會讓人感到困惑而且不容易除錯。與其假設輸入資料是正確的，不如在處理輸入資料前先進行驗證，避免「垃圾進，垃圾出」效應。

問題與練習

Q1：回想你必須運用嚴謹的問題解決方法才能處理的案例。在解決問題前，你卡在什麼地方，而最後是如何解套的？

Q2：以異常精準且條理分明的方式來處理問題，也可能有負面的影響。有哪些狀況讓嚴謹思考過程的缺點大過於優點的？

E1：當你需要在低階、僵化且沒有任何背景資料的情況下處理事情時，嚴謹的思維是至關重要的。請閱讀「軟體系統中的訊息剖析」（*http://pbpbook.com/anat*），以瞭解這些概念如何套用到檔案格式與協定（protocols）的設計工作上。

> **E2：**編寫能解決 {A, B, C, D, E} 問題的程式。寫好程式後，產生一組 26 層深的資料集，每一層有 26 個選項，然後讓它只能有一個獨特的路徑才能連接完所有字母。你能在不修改程式的情況下，處理這個新資料集嗎？如果不能，為什麼？

你已經看完本書的一半了，喔耶！

這裡有個問題要麻煩你解決，如果你能挺身而出的話…

$	AF	$	DB	$	CE	$	8D	$	AA	$	87	$	37	$	B5
$	A2	$	87	$	64	$	37	$	6B	$	3D	$	1A	$	13
>	^	21	3F	AE	AC	C1	D2	24	15	#	66	>	^	00	00
00	#	68	>	^	D2	A9	10	16	41	00	00	00	AC	C1	D2
00	AC	C1	D2	24	00	#	67	>	^	00	00	00	00	00	?
00	?	21	29	25	24	00	AC	C1	D2	24	#	75	>	^	00
00	3F	AE	AC	00	00	21	29	25	24	00	00	3F	AE	AC	00
00	00	00	#	6E	>	^	00	#	20	>	^	00	00	00	00
00	?	D2	A9	10	16	41	00	00	00	00	00	AC	?	D2	24
00	00	00	00	21	3F	AE	AC	C1	D2	24	15	00	00	00	00
00	#	61	>	^	00	3F	AE	AC	00	#	79	>	^	00	00
00	D2	A9	10	16	41	#	69	>	^	00	00	00	#	3F	>
^	00	00	00	?	00	00	00	00	D2	A9	10	16	41	00	00
00	00	00	#	76	>	^	00	#	65	>	^	00	00	?	00
00	AC	C1	D2	24	3F	AE	AC	00	00	00	00	#	74	>	^
00	?	D2	A9	10	16	41	00	00	00	!	00	00	3F	AE	AC

任務已完成一半，可以稍微放鬆一下。你將找到一段祕密訊息！

第五章

由下而上設計軟體

假設你是一位軟體設計課程的協同教學教師，你希望能縮短理論與實務的差距。

你的朋友納西爾負責上這門課，因為目前還沒什麼具體想法，他要你過來幫忙一起帶這門課。

在檢查一份個案研究（case study）時發現，納西爾的學生很容易就能掌握重點，也會問一些能激出火花且有創意的問題。不過在要將這些設計概念套用到自身的專案上時，大部份的學生很難將二者連結起來。

問題在於大部份的學生並沒有太多建置軟體系統的實務經驗。在缺乏解析能力的狀況下，他們會將軟體設計視為是抽象的練習，而不是具體且重要的技能。

教科書的範例透過呈現由上而下的設計風格，不斷地強化這種觀點，好像設計理念會直接從木工活裡跳出來那樣。真正設計的運作方式並非如此，但學生們常以為這樣就是設計，最後得到的總是一些令人氣餒的經驗。

為了幫助他們一開始就能找到設計決策的源頭，你將在課堂上即時建置出一個小型專案，並在製作過程中進行討論。如此，學生們才能在反覆的設計過程中，扮演主動的角色，一步一步地搭建出整套系統。

在本章中…

你將學到一種漸進式（step-by-step）由下而上的軟體設計方法，並在過程中權衡一些取捨（tradeoffs）的問題。

在問題空間中找出名詞與動詞

納西爾簡單介紹你將會建置出的系統，作為這門課的開場。你將會建置出：一套簡單的即時生產工作流程的模擬。

與其用理論來引導學生，納西爾說明如何運用即時運送，讓線上購物比以往更實用：

- 當消費者購買一項產品時，一般而言，若消費者住處在 100 英哩以內，產品最快就能在一、二天內送達。
- 區域倉庫中的存貨量通常維持在一定的低水準，避免缺貨。補貨是一直持續進行的；每當區域倉庫出貨給消費者時，相關的訂單就會傳送到較大的供貨中心（fulfillment center）。
- 貨品會穩定地在區域倉庫與供貨中心間輸送，需要補充的貨品很快地就會被送上下一班卡車、飛機或電車上，運送到需要貨品的地區。
- 當庫存從供貨中心轉送到區域倉庫時，補貨訂單就自動會被傳送到第三方供應商，這些供應商中，有不少也是透過及時生產流程，分批小量製作替補的產品。
- 既使從一端到另一端執行完整個訂單流程，可能需要好幾週的時間，貨品的流通卻都能從離消費者最近的倉庫配送出去，而且不會發生缺貨的情況，製造商所生產的貨品數量與實際上的銷售量非常接近。

在這種模式底下，生產流程需要**即時**（*just in time*），而且整個生產體系所產生的耗損與等待時間都要最小化。這種工作方式在現今社會中很普遍，但若拿幾個世紀前的工作方式來比，卻是一種突破型的工業創新。

納西爾強調這幾個重點之後，示意你可以開始上課了。為了跟上步調，你簡單地分享了一些軼事，引出你將在今天建構出的重點：

> **你：**我的父親一輩子都在組裝生產線上工作，親身經歷了公司的生產模式，從大型批次作業（big batch process）轉換成即時工作流程（just-in-time workflow）的過程。
>
> **學生：**這是一種很巨大的轉變吧！看來是二種全然不同的產品製造方式。
>
> **你：**嗯，確實如此。從公司的商業運行層面看來，確實是巨大的變化，但從生產的層面看來，變動程度卻出乎意外的小。

> 在這種轉變之前，裝滿零件的貨櫃自上游廠商運送過來，員工進行某些處理後，再將之送到流程中的下一站處理。
>
> 若公司轉換成即時生產方式，產品大部份時間都會留在同一個地方—進行小部份的調整。工作流程被顛倒過來，在下游廠商將空貨櫃送回來的時候，才會處理新的零件。
>
> **學生：**換言之，生產線的下一站需要你父親做的半成品時，他會知道何時要開始工作？
>
> **你：**沒錯！從每一個工作站上看，這種情況並不明顯，不過整個生產線就是以這種方式鏈結起來的：生產線開端製作最簡單的零件，生產線末端就會有做好的產品。
>
> 從客戶的訂單回溯的話，整條組裝線就可以準確判斷有多少產品需要製作，何時要做好，除了相鄰的工作站點外，各個工作站點間並不需要直接協調生產的步調。
>
> 這種流程總是讓我覺得很驚艷，因為它表現出簡單的架構也可能展現出非常有趣的應變行為。基於這個原因，我認為我們從頭開始建造這個模型的話會很有趣。過程中，也可以一併探討一些有趣的軟體設計原則。

在納西爾詢問大家，剛剛所舉的例子是否能讓大家瞭解即時生產流程的意義，是否能開始進行模擬時，學生們都露出緊張的笑容，好像還不確定納西爾是開玩笑還是認真的。不過，他緊接著就再問了一個比較好答的問題：剛剛的例子中，有哪些是重要的名詞與動詞？

雖然等了幾分鐘，最後學生們還是列出了一些與模擬相關的關鍵字，包括零組件（*widget*）、置貨箱（*crate*）、供應商、訂單與生產。

你接著讓學生在這些關鍵字中挑選二個字，然後用一個簡單且容易實作的句子，將它們組合起來。經過一陣沈思後，有一位學生提出了一個建議：

「我瞭解了！我們來建造一個置貨箱，然後把零組件放進去吧！」

這是一個好的起點，你謝謝她所提出的想法，課程動起來了。

從功能的最小片段開始實作

為了進行示範，你準備了一些會用到的 UI 元件，只用一些簡單的幾何圖形做的介面元件。接著讓學生看著你如何以簡單的邏輯，將這些元件連接起來。

幾分鐘後，你已經弄好裡頭有一個內有小紅點之小方框的畫面，代表「內有零組件的置貨箱」。

當你按下筆電上的空白鍵時，紅點會消失。當你再點方框一次，紅點就會再出現。你示範操作了幾次…（也許不用這麼多次），讓學生瞭解。

為了重新聚焦，你放上了一張說明 Crate 物件 API 的圖表：

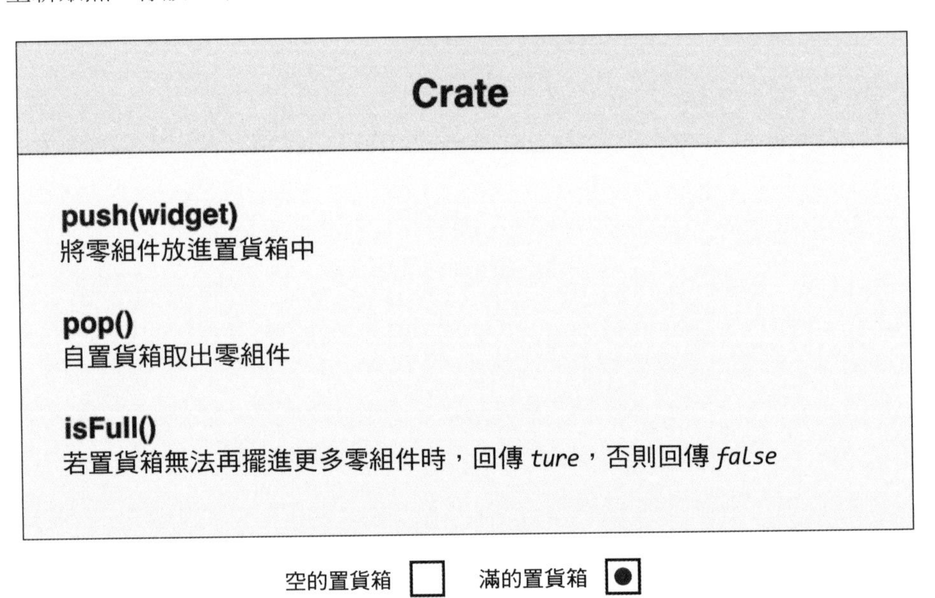

僅只為了要到達這個起點，你已作了一些設計上的決策。這些決策可能牽涉到一些細節，並且影響到整個專案其他部份的設計：

> **納西爾：**很快地回顧迄今為止已完成的工作。系統目前有 2 個物件：置貨箱與零組件。置貨箱是可以置放零組件的容器，而且它可能會被放滿零組件。目前零組件大部份尚未定義好，我想它是準備用來代表任何種類的產品吧？

你：沒錯。稍微往前跑一點，在模型建置的過程中，我感興趣的部份是零組件如何在即時生產系統的各個單元間傳遞—實際上被處理的內容並不重要。重點是要先有這些置貨箱，如此我們才能透過它們來決定是否該生產新的產品。

學生：噢，我想我瞭解了。你打算透過與你父親工廠相同的方法，來使用這些置貨箱：作為訂製零組件的信號。

你：是的，完全正確。現在我們來多談一點這部份的細節。我們已經實作了置貨箱，我們也可以檢查其內容，看看是不是需要補貨。不過目前零組件都是無中生有來的，我們漏掉了什麼模組嗎？

學生：某些供應來源嗎？因為這就是重點所在對吧？我們要展現從置貨箱移走零組件時，會自動觸發補充品的生產流程。因此每一個置貨箱應該搭配一個供應商，而且這個供應商應該能夠偵測該置貨箱何時需要補充。

納西爾：聽起來你似乎認為供應商應該監控置貨箱的狀態，但這並不完全正確。與其由供應商去檢查置貨箱何時需補充，不如讓供應商在零組件被移出置貨箱時接獲訊息通知。

學生：如果製作一個觀察者，在置貨箱的 `pop()` 被叫用時呼叫呢？

你：這些想法都很有趣，不過似乎走太快了一些。目前我們要先控制問題的範圍（scope），設想「好，我們已收到補貨的訂單。有哪些物件需要互相搭配，以完成這個流程？」

納西爾：這想法很好。事件如何在整個系統中傳遞，跟事件發生時要進行何種操作（action），要分開思考。我們要一步步來。

當學生逐漸發現到，由下而上進行系統設計的一個挑戰是拆除物件間的連結，如此，他們才能由小區塊開始實作，而不是一開始就一大塊一大塊在做。就開發而言，這是一項重要的技能，因為如此才能夠以漸進（incremental）的方式來進行設計。

***

你概略地畫出為置貨箱補貨的工作流程，在製作流程圖的過程中，你引入了一個 `Order` 物件，負責聯結特定供應商與置貨箱：

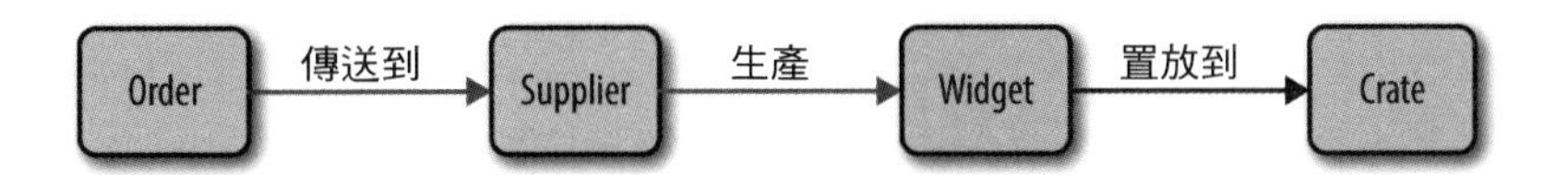

有一位學生問到為何要有 Order 物件—讓 Supplier 直接操作 Crate 不也很好嗎？

這是個好問題，特別是在專案開發早期就提出的。在設計中加入模型都會附帶添加進某些概念包袱，將不必要的物件加進來，應該是要儘量避免的。

不過在這個案例中，不建構出一個 Order 物件，可能會讓實體與邏輯系統產生混淆。

在實際的工廠裡頭，上游供應商會直接將素材放進置貨箱，表面上看來，Crate 似乎是需要被操作的相關物件。不過置貨箱本身僅是容器，除了限制其中所承載的貨品數量外，應該也不需要處理其他的事務。

置貨箱要被傳送到何處的真正資訊，可能由線上工作人員記在腦中、印在紙上或列於附掛在置貨箱上的標籤。這就是 Order 模型所代表的。它很容易被漏掉，因為視覺上它並不像箱中的素材那樣，拿出放進都那麼明顯。儘管如此，它仍是領域模型（domain model）的一部份。

當所有對 Order 的問題都整理好後，你開始實作補貨的流程。過了一會兒，你將之前模擬中的方框與圓圈用三角形與直線連起來，你已經準備好要上基礎幾何課程了：

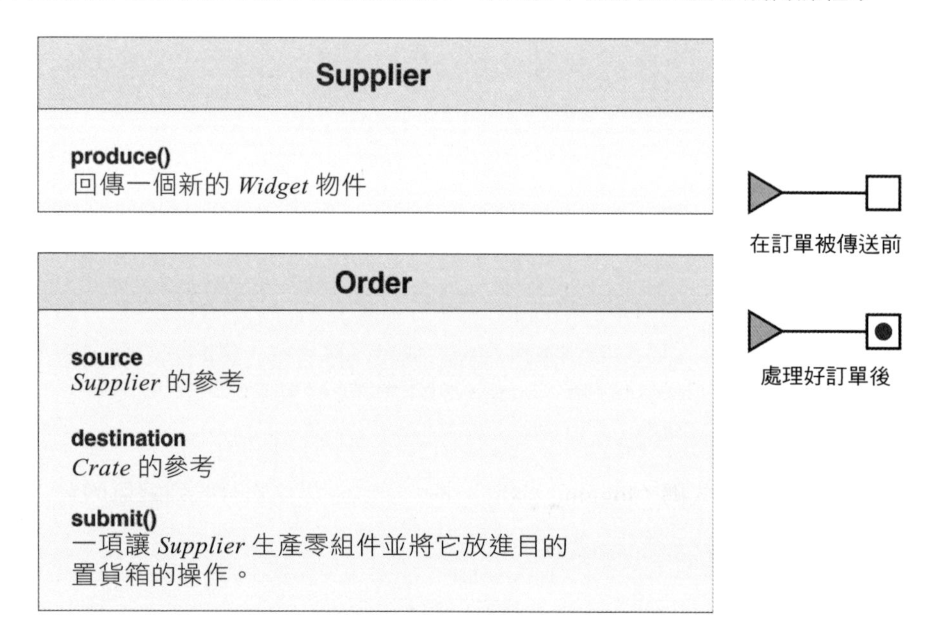

這些看似簡單的圖形，代表潛藏在底層的有趣東西，因此，雖然看起來不怎麼樣，但還是表示專案已有了一些進展。

你向學生說明當空白鍵被按下的時候，`order.submit()` 方法就會被叫用，而供應商就會生產出一個零組件。一旦產生出來了，零組件就會被推送到目標置貨箱中，以完成訂單。學生們開始觀察到這些基本的建構元素如何被以不同的方式組合，形成更有趣的模擬模型。

避免物件間不必要的暫時耦合

幾天之後，第二次示範的時間到了。在上一次的課程中，你對模擬器碼庫（codebase）所做的最大的變動，就是將置貨箱的容量變大，讓它們可以容納好幾個零組件：

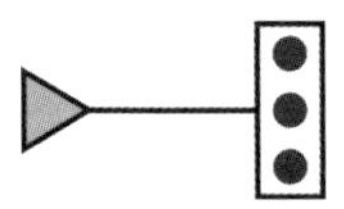

這個小卻重要的調整，讓你的模型可以支援軟體設計中的三種基本數量[1]：即 0、1 與許多。你稍早所寫出的版本只支援前二種情況，但從現在起，你必須要能處理這三種情況。

當補充置貨箱的機制做好了之後，下一步是要在貨品被移出置貨箱時，觸發自動補貨的機制。你問學生這該如何實作，有個學生說在叫用 `crate.pop()` 後立即叫用 `order.submit()`。

你馬上把這個小調整弄好，並啟動模擬器。畫面上顯示出一個裝滿貨品的置貨箱，你告訴學生說，已將空白鍵照他們所說的調整好了。你按了它一下。沒發生什麼事。再按一次—還是什麼也沒發生。接著你粗魯地狂按著鍵盤上的按鍵，這時螢幕有稍稍閃了一下，但從頭到尾，你只是盯著同一個裝滿零組件的置貨箱看。

你加了一些記錄用的程式碼（logging code）進去，以確認程式有收到鍵盤的輸入，然後 `crate.pop()` 及 `order.submit()` 都有被叫用，也確認程式裡頭沒有多餘的迴圈或遞迴呼叫。程式看來是正確的。你將 `order.submit()` 那一行註解掉，按了幾下空白鍵，看到零組件會一個一個地被移出去。你改由空的置貨箱開始，但這次是將 `crate.pop()` 註解掉，如此置貨箱則一個一個地被零組件填滿。

1　這是軟體設計中的零 - 壹 - 無限法則，由荷蘭電腦科學家 Willem van der Poel 提出。

納西爾詢問班上的同學知不知道是哪裡出問題，有一位學生很快地就指出零件組的移出與移入，發生在同一個動畫影格中。因為二操作間並沒有延遲，結果看來像是什麼操作都沒有做的樣子。

為了檢測這個看法，你暫時將要被生產出來的零組件上色。雖然這個示範會產生許多視覺上的干擾，但它卻能有效地證實這個看法。

> **你：**現在我們知道是哪裡出問題了，怎麼修復它？
>
> **學生：**讓 `Supplier` 在產生新零組件前暫停 1 秒？
>
> **你：**這個主意不錯，但我們處於非同步編程環境，所以並沒有直接的方法可以讓一個行程（process）暫停。不過，你可以設定一些回呼方法，在延遲後叫用執行。
>
> **學生：**好，那就這麼做吧。
>
> **你：**我會做，但它並不是這麼單純。現在當 `order.submit()` 被叫用時，它會立即觸發叫用 `supplier.produce()` 的方法，這個方法會傳回一個 `Widget`。這個被傳回來的 `Widget` 接著被推進 `Crate` 裡。如果我們將 `supplier.produce()` 改為非同步回呼的方式，則它的回傳值就不對了，整條鏈將被打斷。
>
> **納西爾：**現在我們碰上的是經典的**時間耦合**（*temporal coupling*）情況。因為設計它們的方式，讓 `Order`、`Supplier` 與 `Crate` 物件間存在著時間的相依性。我們將需要重新製作這些東西，才能真正解決這個問題，不過，為了可以很快地因應，我們先延遲整個訂單的提交過程，讓它晚個 1 秒鐘或收到鍵盤輸入後再執行。

你實作了納西爾的建議，進行測試。可以確定的是，置貨箱中的一個零組件在你按了空白鍵之後消失，經過 1 秒，貨就補進來了。接著，你很快地接連著移出三個零組件，將置貨箱清空。一會兒，這個置貨箱就又被補滿了，三個替補的零組件幾乎同時被補進了箱子。

看到這一招行得通，學生們都很高興，不過你很快地告訴他們，這只是應急的方法，為了讓系統正常運作，流程需要調整。

你畫了幾張圖說明當訂單上傳時，事件如何傳過整個系統的新方法：

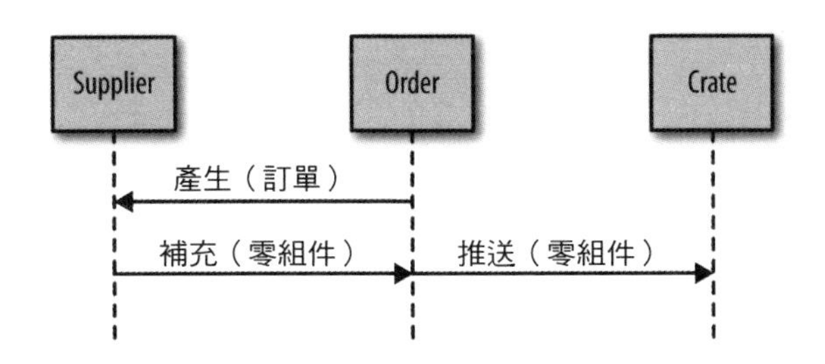

實作這套調整後的流程，需要做的變動不會太大。

首先，要將 `Order` 物件的任務切分開來，如此下訂單與補貨才能建模成二種不同的事件。你開始著手修改 `supplier.produce()` 方法，讓它透過回呼而不是回傳值來與外界溝通。

在這個新的設計中，`order.submit()` 還是會立即叫用 `supplier.produce()`，不過它是否執行，則視 `Supplier` 物件而定，這個物件會決定是否呼叫以及何時呼叫 `order.fulfill()`，接著完成交易。

納西爾問學生一些問題，以確認他們瞭解這個小幅度的重構（refactoring）後，他們已能正確地追蹤執行路徑，不過學生們似乎還不太能瞭解進行修改背後的動機。

你覺得問題出在學生尚未看到這個新的流程，如何能形成一個有彈性的計時模型。你很快地實作了三種不同的 `supplier.produce()`，用以說明這一重點：

1. 同步（*Synchronous*）

   直接叫用 `order.fulfill()` 方法。這將使得零組件可以立即獲得補充，就跟原來的設計一樣。

2. 非同步（併行）（*Asynchronous*（*concurrent*））

   使用非同步計時器在 1 秒後執行 `fulfill()` 方法，讓訂單可同時被處理。

3. 非同步（循序）（*Asynchronous*（*sequential*））

   將所有訂單丟到佇列（queue）中，以每秒一個的速率來依序處理訂單。

上述每一種實作的作法都很不一樣，不過這三種都支援使用相同的 `Order` 介面。這代表原始設計中的時間耦合已被排除，現在系統已可以支援任何你想用的計時模型。

課堂上已擇要討論不同的可行計時模型與其取捨：

- 同步模型用在步階式（step-based）的模擬上，應該可以順利運行，因為其中的事件迴圈一次會用一個刻（tick）的時間來執行裡頭的操作。不過這可能表示要放棄即時與系統互動的能力，或者要寫一大堆程式碼去「假裝」。
- 非同步併行模式則比較有趣，但若沒有稍微複雜一些的 UI，即時訂單處理就不容易理解。
- 在這些可行的選項中，非同步循序模型較能在各個面向取得平衡，整體而言，它能透過接收新傳到的訂單，與系統進行即時互動。零組件就會以穩定與可預測的節奏，在系統中流動。

你認為非同步序列模型或許可在「有趣」與「容易實作」間取得平衡—而學生也同意這種看法。就這個帶有既定需求的專案而言，你可能沒辦法輕易就決定使用這個模型。不過就打斷各物件在時間上耦合這一點看來，之後還是有可能選擇使用這種模式。

逐步提取可複用的零件與協議

至目前為止，你已經做好供應商與置貨箱了，接下來要做的是能依需求補充置貨箱的訂單機制。這些基本組成已提供執行即時生產模擬器所需的大部份東西；自此，剩下來要做的就只有作為零組件消費者與生產者的「機器」了。

與班上同學溝通好幾個想法之後，你決定讓這部機器負責將二個輸入來源轉換成組合好的輸出字串流。為了得到每一個人的看法，你組出了一個模版（mockup），用來呈現加入這個新功能後模擬器可能的樣子：

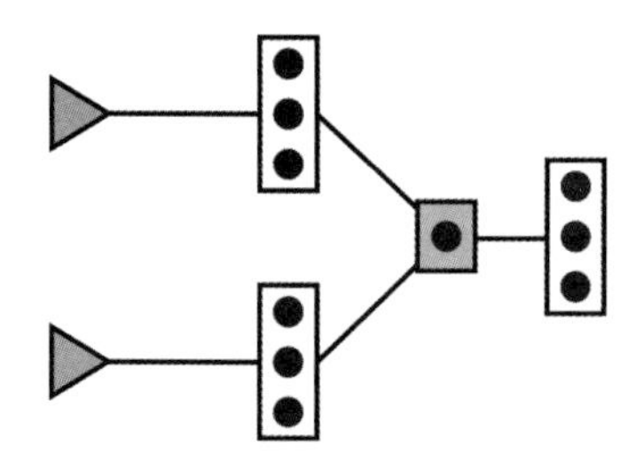

納西爾試著讓學生說明如何實作這個新模型，不過這似乎難倒他們了。你思考學生不懂的原因，發現學生聚焦在這個系統與他們接觸過之系統的不同處，讓仍舊相同的部份，蒙上了一些迷霧。

往回走一步，你讓學生思考一套簡化過的系統，這套系統由他們已熟悉的零件所組成：

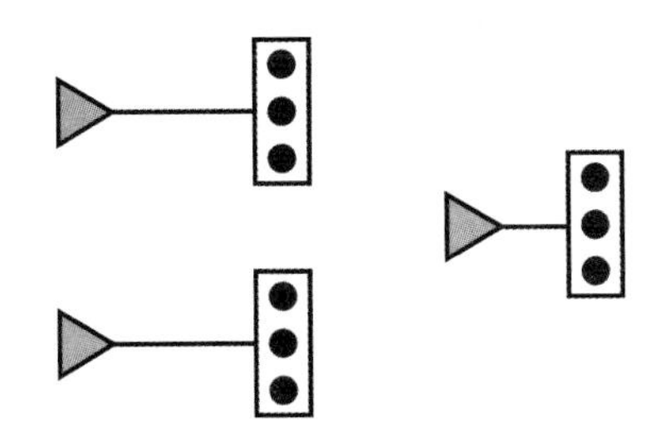

你：在這個範例中有 3 個供應商及 3 個置貨箱。為了讓它較容易被理解，可假設這些子系統彼此之間完全獨立。如果我們從任一個置貨箱中移掉 1 個零組件的話會發生什麼事？

學生：這樣會觸發提交補貨訂單的程序，然後一段時間後，供應商將處理這份訂單，遞補的零組件就會顯示出來。

你：沒錯！現在我們來對系統作一些小部份的調整。假設遠端供應商每一次都能及時處理好訂單，這當然就會消耗掉左邊置貨箱中的一個零組件。這時會發生什麼事？

學生：那左邊的置貨箱就需要補貨，所以訂單會自動被送到對應的供應商那邊。

你：完全正確。現在若你再回頭看稍早的模版，應該會較容易瞭解這部機器的運作方式。它們會像供應商那樣產生輸出，但在過程當中，將消耗上游置貨箱的零組件。如此一來，將觸發補貨訂單給對應的供應商，產生一個小型但完整的即時生產流程。

聽完你的說明後，另一個學生則建議讓 `Machine` 變成是 `Supplier` 的子類別，如此可複用目前的 `Order` 物件。你沒有直接回應，但讓全班同學一同檢視 `Supplier` 物件的實作，然後得出自己的結論。

學生們覺得 `Supplier` 物件主要負責的任務並不複雜：它會產生新的零組件，然後叫用 `order.fulfill()` 完成補貨交易。若 `Supplier` 立即處理它的訂單，則只要一行程式碼就可完成，但模擬的計時模型會讓事情變得稍稍複雜一些。

在 `Supplier` 物件的內部，有一些程式碼實作出初步的非同步序列工作佇列。納西爾很快地就指出，我們可以複用（reuse）這些程式碼，因為機器需要實作與供應商相似的延遲訂單處理。剩下的問題就是*如何*複用這些程式碼：

學生：所以我們應該要創建子類別嗎？如果我們創建子類別，Machine 與 Supplier 物件看來有不少程式碼可以共用。

納西爾：嗯，先別管這 2 個物件都有的部份，我們應該先設想工作佇列的實作。它不過是許多函式的排序清單，每隔一段固定時間就會依序一個個執行其中的函式。這個過程只有 Supplier 概念中才有嗎？

學生：我猜應該不是。你是說重點只在於實作的細節嗎？

納西爾：不完全是。我只是說，在我們使用的工具鏈中，就是缺這部份的抽象化。一個非同步工作佇列應該是一個通用的結構，但因為我們還沒有一個用我們所使用的語言所做出的佇列。應該要從頭開始做一個出來。

你：一開始我就有想過要做一個獨立的工作佇列，但後來我想到，先不要提出來，才能讓我們在這個議題上進行討論。

納西爾：嗯，也就是說，你選擇即時地作出設計決策？你真是個悶葫蘆！

先別管這俗套的雙關語，後延決策是由下而上設計的一個重點。太早拆解物件並試著想像未來的使用案例，可能做出很尷尬的介面；若在實際的需要上加進介面，則比較容易獲得較好的設計。

回到手上的問題，你用了一些時間調整碼庫中的函式，然後為新建的 Worker 物件製作了下列的 API 文件：

Worker
delay 工作間需等待的時間 **performAsync(job)** 在佇列中加入一個工作 **run()** 啟動能一個接一個在由 *delay* 屬性所定義的固定時間內， 處理工作的事件迴圈。

經過這次重構，Supplier 物件中就不會有太多程式碼留在裡頭了，以它作為基礎類別的誘因就不見了。另一方面，你複製其中一些有用的程式碼到另一個檔案去，用這個檔開始實作 Machine 物件。

你將一些基本的功能加進去，讓機器與上游供應商的置貨箱接上，這部份進行得很順利。不過從這裡就開始漸漸變複雜了，你需要對 Crate 物件作一些調整，以支援新的 Machine 之建構。

最後你並沒有作太多調整，但這樣一來，這個物件在原設計情境外被複用時，其行為可能就會與預期的不同：

- 在只有一個供應商與一個置貨箱的簡單關係中，知道置貨箱是否為空並不重要——因為只要有零組件從置貨箱被移出，就會有補貨訂單被提交出去。不過一部機器只能在上游供應置貨箱有零件組在其中時，才能製造貨物處理訂單，所以你要實作 crate.inStock() 方法來取存這項資訊。
- 每一份訂單會保有一個置貨箱的參考，不過一個置貨箱並不會存有訂單的參考。在系統的上層，這不會有問題，因為其中的 Crate 物件與其搭配的 Order 物件都已被定義。不過，若你將機器加進來，就會造成混亂。為了要讓一台機器一方面可以消化其輸入置貨箱中的零組件，一方面同時可以提交補貨訂單，你運用了一個既不優雅也不容易說明的閉包[2] 來處理。

你應該會認同二物件間連接點在設計上的這種非預期差異，就是由下而上建構系統的缺點。但為了保持樂觀正向的態度，你向學生展示了這部機器一個能運行的版本，當訂單在系統內傳遞時，會即時更新其計數：

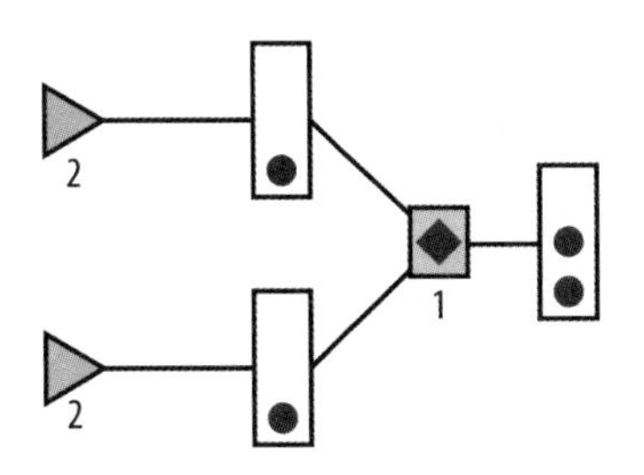

儘管你重構某些內部組件，也加入某些協助者方法（helper methods），支援新功能並不需要大改 API。這代表到目前為止，系統的整體設計是沒有問題的。

2 這個問題最適當的解決方法是往回看，並在 Crate 物件中加進一個指到特定 Order 的參考，但協同教學教師已被壓抑了一段時間，也不想要再對設計決策進行推演。因此一個變通的辦法就是先處理好看到的部份，先略過其他細節，讓課程回到更重要的問題上。

隨時進行實驗找出隱藏的抽象概念

至此，困難的工作已經完成了。納西爾給學生一些時間思考如何對模擬進行一些調整，讓它更能測出其設計的強項與弱項。

學生們由你預期的部份開始，如調整生產的速度以及不同供應商與機器的置貨箱大小。觀察系統動態地為所遇到的瓶頸，更新調整工作負載非常有趣，雖然最後並沒有找出關於模擬器設計方面的一些新的作法，但至少學生們會持續地探索這些想法。

為了引導學生轉而討論更有趣的主題，納西爾要他們提議新式的機器來實作。有一位學生建議了一套純化處理的模型：一部能處理單一輸入源並產生單一輸出的機器，過程中零組件的型別會經過轉變。

納西爾開始回應那位學生，在他還沒說明完之前，你已經將這部新機器做好並讓它跑起來了。你將它的輸出再轉入組合器機器（combiner machine），讓整個範例更有趣：

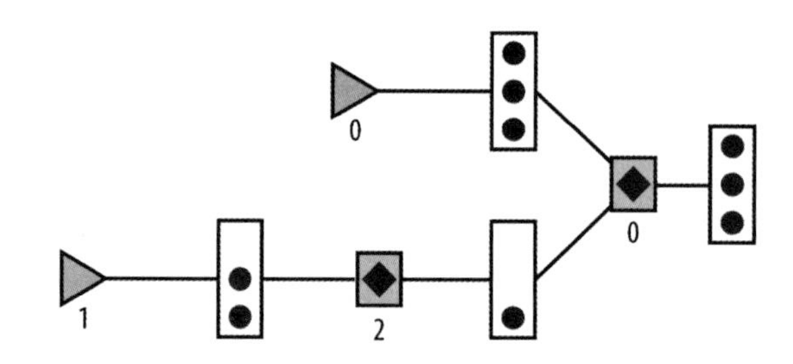

起初，納西爾認為你已經考慮過學生可能會問到這個問題，所以事先就寫好這些程式，準備回應學生，但很快地你就呈現出事情的複雜度。

新機器的程式怎麼寫跟組合器的定義有關：它是一部消耗其下每一個輸入置貨箱中零組件並生產出某些零組件的機器。

在這個定義下，衍生出一部純化機器，將其視為只有一個輸入置貨箱的組合器是可行的。也因為如此，你可以不需要編寫任何新的程式碼，就可以實作出這個新功能。

另外還有一位學生把事情弄得更複雜，他指出可以建造出沒有輸入置貨箱並與 `Supplier` 物件的運作方式相同的機器，因為一個套用到空集的全部（*all*）條件，總是能滿足。

這個建議讓你覺得很訝異，因為從製作第一個供應商物件以來，你壓根兒沒想過這個方法。不過，很確定的是，它行得通！

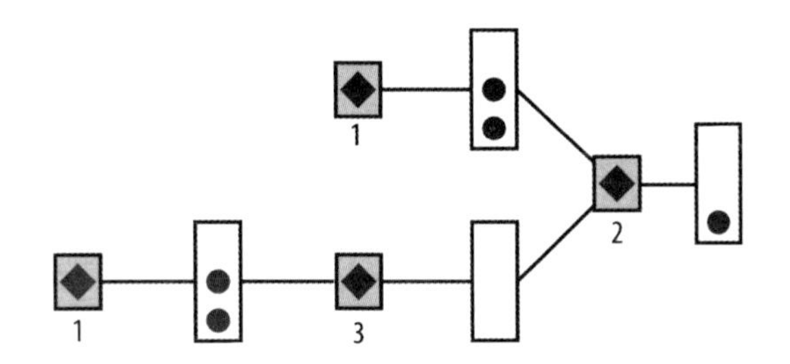

這位學生在這個部份還有許多想法可玩，如機器間的環狀相依（circular dependencies），與從單一輸入源傳入多部機器—即便你在建造系統時從未明確計劃過這些使用案例，但它們都行得通。這些由下而上系統設計的應變性質令人著迷，通常也不容易預測。

課程至此已進行尾聲，納西爾告訴學生雖然這種實驗很有趣，但它只會用來尋找可能的抽象方法，證明方法有用後，就可以加以運用。它並不是讓大家去找出「隱藏的功能」然後在沒有經過深思熟慮的情況下，就立即把它套用上來。如此，課程作了總結。

學生們似乎已徹底瞭解這一點，你很慶幸納西爾有提醒學生，因為有時連你自己也會忘記。

瞭解由下而上的方法可能的問題點

課程漂亮地劃下句點，你開始收拾東西，有位學生跑過來問你是否還可以再問一個問題：

學生：這種對領域模型（domain model）進行隨興實驗（casually experimenting）的技術，是否也能用在找出設計的弱點上？

你：當然。你當然可以在找奇特的邊界案例時，在這邊挖挖在那邊也挖挖看；不過若你在理性推論的過程遇上問題，這種情況可能是告訴你這個問題不能拖。

學生：喔！如果是這樣子呢？機器很容易可以處理 0、1 或許多個輸入。但到目前為止，我們只測試有一個輸出的部份。若我們建造了切分機器（splitter machine）—也就是說，它接受一個輸入源但產生二個輸出呢？

你：嗯…好問題。我要想一下。

在你用幾分鐘要加上切分機器並進行模擬時，還有幾位學生在教室裡停留。最後你寫了一些東西並讓它跑起來，你不太滿意自己寫的程式碼。

你開始思考實作這個功能為什麼比其他功能要難上許多，同時你也注意到結構中的一些基本的差異。組合（combiner）、純化（purifier）與生產（generator）機器的模式（pattern）都是 *n* 個輸入對映到單一輸出（其中 *n*=many，*n*=1 或 *n*=0）。但切分器（splitter）可以將 *n* 個輸入對應到 *n* 個輸出，這也讓這個問題的性質產生了一些變化。

這不必然是不好的設計，但它卻描繪出由上而下與由下而上二種做法間的取捨。在由上而下的設計中，你會在過程的一開始就想到要支援的機器類型，然後才建造出抽象架構以支援這些案例。如此做出來的系統，會特別關心如何整合，在簡單的案例中，就會產生過於複雜的程式碼—而且在規畫過程中，可能也需要更多的投入。

你向學生說明，在實務上，由上而下與由下而上設計的運作過程都像是一個螺旋。由下而上的設計適合探索新領域，並且在你讓軟體上線且運行時，讓工作保持單純。在你碰上死胡同或粗糙的修補程式時，由上而下的模式因其考慮的架構有較大的規模，且模組間的連結標準化，所以是比較合適的。這二種取向間並不矛盾；只是使用它們的目的有所不同。

問到切分機器的那位學生，在你謝謝她問了個好問題時露出微笑。納西爾記下了一些重點，準備要分享給沒有參與這段額外課程的同學，你能看出這些還留在現場的學生，對這些討論感到喜悅。

建議與提醒

- 要開始進行由下而上的設計時，可先列出正處理的問題空間中，一些重要的名詞與動詞。然後找出連結列表上的這些字可產生的最短句子。以這些句子為指引，實做出第一個功能。
- 在你持續添加新功能到專案裡頭時，要注意物件間的連結。在處理數量與計時工作時，具有彈性才是我們喜歡的設計，如此個別物件才不會在搭配的物件上加進太多人為的限制。
- 若要找出可複用物件與功能，要找那些不會跟著時間而變化太多的基本建構元件，而不要只找那些能減少重複樣板碼的淺顯方法。
- 複用基本建構元件處理新問題時，要善加運用因之產生的功能。但要小心別讓物件間中介的程式碼過於複雜：若整合點太過混雜，就是不適用由下而上設計風格的徵兆。

問題與練習

Q1：某些工作環境很適合由下而上的設計風格，有一些就不適合。有哪些非技術性的（如商業層上的）障礙，可能在運用本章所討論到的技術時，造成障礙？

Q2：假設你已決定製作自己的電子郵件客戶端程式，在這個問題空間中有哪些重要的名詞與動詞？用這些字造出來的簡單句子中，哪一個可能是要實作第一項功能的好起點？

E1：用 20-30 分鐘，探究共生性（Connascence）（*http://connascence.io/*），然後記下它與本章一些想法的關係。

E2：回答第二個問題，並接繼著實作出你認為適合作為電子郵件客戶端第一個功能中的最小函式碼。將這個範圍儘可能地縮小，以一次練習就能做完為原則。

第六章

不完美世界中的資料塑模

試想你在一家小型企業中任職，這家公司正開始要替換已推出 *10* 年的時程追蹤程式。

你的同事馬堤歐是原始程式的主要開發者，這套程式替代了每個人都討厭的紙本流程。這套軟體已經運作了好幾年，不過經過十幾年來的頻繁使用，已有一些問題產生。特別是這套軟體有些製作不完善的核心資料模型，更不應該帶進新的系統中。

因為你並沒有參與原始程式的開發，馬堤歐期待你能對這個專案提出不同的見解。你用了幾天的時間看了舊的碼庫，也試用了舊系統的功能，今天你要說明如何規劃並建造出更好的系統。

這裡會有的挑戰是如何平衡公司需求的技術理想性與工作風格。資料建模與工作流程設計是需要相互搭配的；將二者放在一起考慮，可以達到最好的效果。

馬堤歐將協助你瞭解該專案的歷史脈絡，你們將設計出可營運許多年的新版本。

在本章中…

你將學到對資料模型基本架構元件進行的小範圍調整，將在基本層面上產生影響，讓使用者與系統間的互動更加完善。

將實體模型與概念模型分開

你從一個員工在上班日操作時間追蹤系統的理想範例開始：

- 8:30 AM：在工作日上班時間打卡。
- 1:30 PM：午休時間打卡。
- 2:30 PM：下午上班時間打卡。
- 5:15 PM：在工作日下班時間打卡。

在目前的應用程式中，事件序列將建立一對被模型化成資料庫時間區間格式的 WorkSession 紀錄。一筆是從 8:30 AM 開始到 1:30 PM，另一筆是從 2:30 PM 到 5:15 PM。

你認為就概念模型的角度看來，這個設計合理，不過其原始資料的操作被複雜化了。馬堤歐問你可不可以用範例說明，你很樂意：

> **你：**假設有一位員工在 8:30 AM 忘記打上班卡，但沒有忘記打當天其他時間的卡，則建出的時段會是如何？
>
> **馬堤歐：**嗯…它會將 1:30 PM 的卡誤記成上班（IN）卡，因為它是該名員工當天第一次打的卡。之後，1:30 PM 到 2:30 PM 又會形成另一個時段，最後打的卡 5:15 PM，讓最後一個時段只有開始時間，沒有結束時間。
>
> **你：**完全正確！在這個問題被修正前，資料本身與實際情況會有出入，這是種讓人感到困惑的情況。更糟的是，要將資料修正回正常的狀態，得要修改散落在二筆紀錄中的 4 個欄位，這很容易造成混亂。

你畫了一張圖用以呈現你的想法，下圖中有二個工作週期的打卡資料，以及應該要如何修正的資料：

進	**出**	**工作時數**
~~1:30 PM~~ 8:30 AM	~~2:30 PM~~ 1:30 PM	~~1.00 HRS~~ 5.00 HRS
~~1:30 PM~~ 2:30 PM	~~NULL~~ 5:15 PM	~~NULL~~ 2.75 HRS

你也提到系統發生打錯卡的頻率有多高，以及從這些資料可看出管理人員每天為了這個問題有多頭大。

馬堤歐花了一些時間思考這個問題，他想起一些以前發生過的狀況。近來這幾年，員工一天只需打 2 次卡。在原本的工作流程中，員工會在 8:30 AM 與 5:15 PM 打卡，預先設定好的午休時間會自動算進工作時數裡頭。一天若只打一次上班卡（進，IN）與下班卡（出，OUT），工作時數就可以視需要進行編輯，不會有其他要考慮的地方。

已運行 7 年的系統，為因應公司政策的變化，需要強制記錄所有打卡時間。系統需要更新以符合新規範的需要，但可用預算卻少得可憐，多年未維護的碼庫，一直維持原樣，亦無與時俱進。在這些限制下，改善工作流程以符合要求的想法，無疑緣木求魚。

你將這種設計上的缺陷列入新系統應該修復的項目，心中已有具體的解決方案：

> **你：**我的目標是排除為了修正錯誤還需要去修改正確的打卡資料。如果需要加進一筆錯過打卡時間的資料，在不動到其他資料的情況下，應該要能將時間輸入進去。
>
> 為了能做到這樣，我們不能再將資料庫中的工作時段看成是區間（intervals），而是要將打卡視為個別的事件（events）。如此，在應用程式層級上，不管我們是要顯示報表或執行計算，就能將原始的打卡資料轉成區間。
>
> **馬堤歐：**除非再補上紀錄，否則這還是沒改變若沒打到卡，則時間表所呈現的還是錯誤之進 / 出（IN/OUT）時間的問題。
>
> **你：**沒錯。雖然在目前的系統中不只是報表會出錯—資料本身也會被破壞。到頭來你還是需要編輯一大堆欄位的資料，因為系統將打卡資料放錯地方了。
>
> 在新的模型中，即使報表在特定的邊界條件上，沒辦法即時反應真實情況，系統中的基本資料還是正確的。不過員工在任何時間打卡，這確實會發生，系統都會將這筆紀錄記下。工作時段若從這些打卡資料來產生，概念上會很混亂，新的方法可以將二者清楚地區分出來。
>
> **馬堤歐：**瞭解！沒錯，這滿合理的，不過我還是希望能看到新模型運作的例子。

你拿出另一張示意圖，說明新模型中，一筆忘記打卡的紀錄可以直接加到打卡紀錄表中，不需要更動其他部份的資料：

打卡
8:30 AM
1:30 PM
2:30 PM
5:15 PM

之後，你就可以在應用程式層級中，透過替連續的打卡紀錄對（pair）產生新時段的方式，將資料轉成 WorkSession 物件。不過因為這些時段會在執行期（runtime）動態產生，當原始打卡資料更新時，時段的部份就不需要作額外的處理。

在一個資料來源混雜的系統中，不在實體資料塑模層次上套用太多結構，以保持彈性，這是比較好的作法。

設計一個明確的模型以追蹤資料的變化

盯著已寫好十年的程式碼，你沒辦法設想太多，所以你詢問馬堤歐關於現有系統如何處理紀錄的審核。他分享了一些重點，幫助你瞭解首要推動的功能實作是什麼：

- 一開始最好就要瞭解，對任何時間紀錄的更動，軟體需要全面審核追蹤。這些資料直接與員工薪資有關—也就是說，可能發生問題的管理流程都不能疏忽。
- 原始的打卡資料也需要時時檢查，在員工紀錄中找出差異。比方說，若某一位員工經常忘了打卡，或常要求調整後來的打卡時間以配合前次的打卡時間，這些都可能是問題的徵兆[1]。
- 審核規定用來防範真正的例外狀況。整個軟體的運作歷史中，公司需要去查這些紀錄的情況只發生過幾次—也就是說，運作歷史已證實這些審核規則是切中要點的。

1 從好的角度看，這指的是要找出為什麼員工在打卡前就已經上班的原因。但從壞的角度看，這種情況代表有人試著想造假自己的工作時間。不管是哪一種，紀錄審查有助於發現問題，事後追查有問題的狀況時，也可以作為證據。

為了壓低成本，馬堤歐運用了一套第三方函式庫，其具有類似於備份機制的功能，不過只能用在資料庫的紀錄上。因此，當舊系統中的紀錄被更新時，工作流程類似於下列的流程：

1. 在紀錄被修改前，先製作該紀錄的一筆唯讀副本。
2. 更新該紀錄，不管你要改什麼。
3. 更新 admin_id 欄位，記錄是誰核可了這筆紀錄。
4. 遞增紀錄的版本號碼。

紀錄副本雖然被存在自身的版本表中，但其內含有檢查各版本更改的所有必要資訊，必要時，也可以恢復成舊的版本。主要的重點是，這些操作都是在資料庫層級上做的，所謂的修改指的是紀錄的插入（insert）或更新（update），而不是有意義的業務操作。

為了示範這個版本控制機制，可以處理在整個討論中你所提到「*於 8:30 AM* **補增一筆打卡紀錄**」的這種狀況，馬堤歐做了下列的範例：

打卡

8:30 AM
1:30 PM
2:30 PM
5:15 PM

工作時段版本

SESSION_ID	IN	OUT	ADMIN_ID	VERSION
1001	1:30 PM	NULL	NULL	1
1001	1:30 PM	2:30 PM	NULL	2
1001	**8:30 AM**	**1:30 PM**	**1234**	**3**
—	—	—	—	—
1002	5:15 PM	NULL	NULL	1
1002	**2:30 PM**	**5:15 PM**	**1234**	**2**

他試著說明這個設計的運作方式，他知道這個容易令人混淆的流程應該是新系統中需要被改善的：

> **馬堤歐：**要新增一筆之前忘記打的卡，二工作時段都會新增出新的版本，從紀錄資料可看出，這些更動是由一位管理人員所作的，因為紀錄裡有 ADMIN_ID。
>
> **你：**不過你如何表示這二筆被更動的紀錄，實際上是一次調整要求的一部份？
>
> **馬堤歐：**沒辦法表示。它無法直接從資料看出來。你要將特定日期當天該員工完整的工作時段紀錄全拉出來，以從被更動過的部份推出實際情況。

你：所以你是說，工作時段 1001 版本 2 的 2:30 PM OUT 時間，最後會變成時段 1002 版本 2 的 IN 時間？

馬堤歐：呃…是啊。這滿令人混淆的，有時我還需要跑報表出來對，我需要一些時間傷一些腦筋把事情搞清楚，才能送一份乾淨的報告給管理團隊，雖然資料本身還是一團混亂。還好需要特別處理的情況並沒有頻繁發生，而我也就沒有再多想什麼。

你：我覺得這件事很可能會變得更糟。如果經理輸入修正時間時打錯了，之後再回去更正，這樣會有什麼狀況發生？

馬堤歐點點頭，確認了你所提的看法，然後回答你說他知道這個弱點。他很想看看你這邊是否能提出一些新作法。

你開始說明你的設計，審查紀錄並不是資料庫層級要實作的功能，而是要在商業範疇中明確規範出來。

透過一些範例資料來說明的話，可以讓馬堤歐更能透澈瞭解，你接著就以下列的範例作說明：

打卡

8:30 AM
1:30 PM
2:30 PM
5:15 PM

時間表修改紀錄（Timesheet Revisions）

WORKDAY	NOTE	ADMIN_ID	ID
2016-03-17	Missed first punch of the day	1234	1001

打卡時間調整（Punch Adjustments）

ACTION	PUNCH_TIME	REVISION_ID
add	8:30 AM	1001

你接著說明，`TimesheetRevision` 代表一項調整的高階資訊：如打卡日期是哪一天，有備註欄說明更改紀錄的原因，是哪一位管理人員核准這項調整等等。此外，`PunchAdjustment` 模型亦能捕捉到需要被列補時間表的個別打卡紀錄。

你接著列出一些例子讓馬堤歐看，這些例子呈現出你的新模型亦能處理公司裡常見的一些資料變更之需求。

一位員工忘記打卡，開完晨會後才發現：

打卡

8:30 AM
~~9:17 AM~~
1:30 PM
2:30 PM
5:15 PM

時間表修改紀錄

WORKDAY	NOTE	ADMIN_ID	ID
2016-03-17	Arrived on time but punched in late	1234	1001

打卡時間調整

ACTION	PUNCH_TIME	REVISION_ID
add	8:30 AM	1001
remove	9:17 AM	1001

忘記打午休卡的員工：

打卡

8:30 AM
1:30 PM
2:30 PM
5:15 PM

時間表修改紀錄

WORKDAY	NOTE	ADMIN_ID	ID
2016-03-17	Forgot to record punches for lunch	1234	1001

打卡時間調整

ACTION	PUNCH_TIME	REVISION_ID
add	1:30 PM	1001
add	2:30 PM	1001

這些例子呈現出新設計的部份優點，但馬堤歐還是有些疑問：

馬堤歐：整體而言，我認同這個方法可以讓審核過程更容易為人所瞭解，但它還能為我們做些什麼？

你：坦白說，一開始我會用這種方式來塑模，只是為了讓審核系統更明確，不過後來我發現，它也可以改善管理者的工作流程。

馬堤歐：真的嗎？我可以從你呈現過的東西看到這點嗎？

你：在現有的系統中，WorkSession 直接就可編輯，而你正使用的審核工具，在套用任何更動前會製作出一筆唯讀的備份。

不過當你因為要進行一次修改而同時編輯幾筆 WorkSession 紀錄時，並沒有很方便的作法可將這些紀錄綁在一起處理。這會限制（或至少是較為複雜）我們能實作之能減少打卡資料編輯流程出錯的功能類型。

馬堤歐：可以說得更明確一點嗎？別忘了，因為我處理舊系統的時間已經超過十年，所想的都被它制約住了。

你：沒問題！若你可以在更新正式紀錄前，能夠檢查時間表上待更改的項目，那不是很好嗎？

如果我們用 TimesheetRevision 模型產生即時的預覽，任何錯誤都可以在變更被提交並簽署之前更正。

馬堤歐：嗯…沒錯！這很有用。現在我覺得我已瞭解你為何要如此塑模的原因了：你要透過 TimesheetRevision 與 PunchAdjustment 模型，將變更引進 Punch 紀錄中，而不使用其他方法。

你：完全正確。我現在所用的方式大致上是事件溯源[2]（*event sourcing*）模式（pattern）。透過呈現我們將對如 Punch Adjustment 事件序列的時間表所作的調整，我們可以將原始 Punch 資料的更新延到後面才做。

一直試著要讓自己瞭解事件溯源（event sourcing），馬堤歐問到，若資料最後還是處於不一致的情況，那會發生什麼事。不過要如此塑模（modeling）的目的，就是要一開始就避免這類的問題。

事件溯源模式將個別的事件塑模成不能改變的資料；它們代表原來的事實，它們也絕不會改變。透過執行一系列的事件並計算出一個結果，你就可以得出系統目前狀態的表示（projection）。不過因為資料會在一個事件式模型內，往同一個方向流動，這個狀態會完全相等於產生它的事件組合。

就個別的 Punch 而言，完整的生命週期（lifecycle）是很直覺的。只能透過二種方式打卡：透過員工用來記錄進出時間的計時器（timeclock），或透過由經理確認過的 PunchAdjustment。

不管它如何產生，一筆 Punch 紀錄一旦產生後，它的時間戳（timestamp）絕不會變。一筆 Punch 紀錄唯一能改的就是被標示為已移除（removed），而且也只能透過已核可的 PunchAdjustment 來達成。一旦 Punch 被移除，就永遠沒辦法再次與之互動了。

---

2 事件溯源（*http://pbpbook.com/event*）是一種模式，讓變動資料的過程具有明確、可逆與可稽核（auditable）的特性。

你點出上述的重點與馬堤歐討論，從這種角度看，新系統中的 Punch 有二種狀態：已建立與已移除。而且因為每一個 TimesheetRevision 代表打卡紀錄一連串的批次更動，你就可以理解修改的內容與原因[3]。

馬堤歐在提出後續問題前停了一下，似乎在思考一些問題：

> **馬堤歐：**這個想法聽來應該行得通，不過我們要如何處理 TimesheetRevision 要求所產生的衝突？如果你同時有 2 個要求：一個要加打卡資料，另一個是要移除打卡資料，而二者則各別要由彼此核可。
>
> **你：**問的好。若有許多更動時間表的不同批次操作同時啟動的話，情況可能會變得很混亂，而且也會導致資料不一致。我們當然不想去弄這種 N 路合併的方式！
>
> 為避免這些複雜度，我們可以在系統內加上限制，讓同一位員工在同一天的任一個時間點上，最多只能有一個 TimesheetRevision 可處於開啟狀態。而處於開啟狀態的 TimesheetRevision 可在其被核可前，加入或移除調整操作，不過綜整後的結果會是一份連貫當天且處於「待處理」的時間表。
>
> **馬堤歐：**好。我們需要看看實務上它如何運作，但目前看來，這似乎是一個可行的限制條件。

討論理出頭緒後，你發現一種可引導你進行新設計的通用作法：即儘量減少可變動的狀態，以減少偶發的複雜性。

這個主題還有很多可以討論的[4]，不過你已經迫不及待地想要討論下一個重點了。

瞭解康威定律對資料管理實務的影響

設計系統的組織有其侷限性，
所產出的設計往往就等同於組織的溝通結構。
—馬文．康威（Melvin Conway）

你問馬堤歐，目前如何處理時間表變更的請求，他開始意識到，這一點可能是目前工作流程最弱的一環。

---

3 這個問題很切合事件溯源，因為它所具有的可能狀態轉移數量不多。更複雜的模型可能需要複雜的資料庫查詢，而且在對不同塑模模式（modeling patterns）進行取捨時，你可能也需要考慮其效能。

4 關於可變狀態可能大幅增加程式複雜度的這個議題，有篇有趣的論點可參考，請參閱班．摩斯里的「跳脫泥淖（Out of the Tar Pit）」（*http://pbpbook.com/tarpit*）。

這個流程完全視情況而定；每一位需要修改資料的員工，會透過適當的方式，於方便的時間，向他們的經理說明：不管是私下當面溝通、電子郵件或打電話。接下來，經理檢查資料後，將所有修改需求都集中起來，然後再將這些需求，傳給薪資管理員，時間管理系統中的紀錄就會被修改。

回報的方式也不固定，通常略顯緩慢。資料修改後的確認工作要花上好幾天，發薪日前幾天，調整時間表的作業可能會很趕，讓薪資支票能順利切發。若修改要求被撤銷或對某些細節的認知有所不同，則要修正打卡紀錄可能要經過好幾關。

員工已經找到如何處理這個問題的方法：若他們直接將修改要求，透過時間追蹤系統內部的傳訊功能傳給薪資管理員的話，資料修正的速度會加快，而且準確度也會大為提高。不過，若這樣子做，他們就會將自己的經理排除在外，從行政管理的角度上看來，這種做法並不理想。某些員工一方面為了符合規定，一方面為了加快速度，會發送重覆的要求，結果讓情況更為混亂。

如果公司規模夠大，則這種混亂的情況都會造成日常工作的困擾，但若公司規模不大，則這類的事就不會刻意優先去處理。明顯地，若實作的成本不太高，則大部份的公司都會支持進行系統的改善。因為新的資料模型可以改善舊的模型，你的主張是新的時間追蹤系統能輕鬆地解決上述的問題。

你：我知道這不容易說服別人，不過我認為真正能解決這個問題的方法是讓員工自行調整他們的工作表。

馬堤歐：我就是怕你會這麼說。我覺得它是很棒的想法，不過就管理的角度來說，這實在是很麻煩的議題。我甚至不知道從何談起，因為這確實與這邊行之有年的作法有很大的差異。

你：嗯，你覺得最主要的障礙何在？大家最關心的是什麼？

馬堤歐：就剛開始從事的人而言，我認為他們會擔心技術訓練的問題。讓薪資管理員輸入所有調整，而不讓每個辦公室中的經理去處理的部份原因是，對管理層級的員工進行教育訓練，讓他們編輯時間表的過程並不順利。

你：先別太嚴苛，不過你認為我們可以在原系統的不良設計上做些什麼改良？只是要在表中加進一筆打卡資料，就要調整 4 個文字欄位，即使是程式員也會感到尷尬。

舊系統沒有辦法檢查你所做的修改、沒有辦法簡單地撤銷修改，也沒有辦法讓你一次就可以編輯一整天的時間資料。要編輯一個時段，就要個別填寫一張單子—這是使用自動產生的管理面板，而不是打造出自定介面所造成的結果。

馬堤歐：所以你是說這歸咎於我做的難用使用者介面？我不確定十年前我是不是也同意這樣子設計，在那之後，我的看法確實有些改變。不過，既使是在商業應用中，這種以人為核心的設計理念仍根深蒂固，需要用不少時間來調整。

也就是說，這裡還有許多使用中的程式是在 20 年，甚至更久，前就寫好的，它們都比時間追蹤系統要來得難用。這些都會更讓公司上下與這些軟體間產生更多的磨擦。所以即便我們可以說服他們，可以做出更好用的東西，但在得到他們的認可前，還是需要解決一些問題。

你：嗯，他們真正在意的還有哪些？若我們瞭解他們在意的部份，在建議調整工作流程時，就可以找到強調這些重點的方法。

馬堤歐：既便他們透過非常混亂的方式才得到準確的資料，我知道管理階層非常在意準確性。因為時間表不正確而付給一位員工太多或太少薪資，對他們而言都是特別困擾的事，這是很明顯的。

他們的想法是，若管理薪資的經理負責輸入所有的修改資料，這就是讓一個人直接負責維護所有紀錄的正確性。熟練的人會知道員工常犯的錯誤有哪些，而且可以對一件看似有問題的要求，作後續的處理。

你：你覺得如何？你認為這個方法能如他們所想的那樣把事情做好？

馬堤歐：我認為，在現有系統的限制下，這個流程還是有效率的。主要的問題在於，其所產生的工作量就一個人而言，實在不小，而且在我看來，它是不是一種經濟的解決方案，都還不確定。

你：好，我覺得我已有個辦法可處理這些顧慮。在我開始作業之前，你覺得還有什麼要注意的？

馬堤歐：嗯，還有另一種常見的情況，你會看到大家經常會表現出對有效監督的強烈渴望。為了能主動調控以避免欺騙與濫用，即使有些微的差異，也需要持續追蹤處理。

衝突點在於主動監控往往會降低人員對公司的信任，也會占用經理人用來處理其他重要問題的時間。

在思考會影響公司營運的文化價值觀時，你逐漸看到那些在設計上最需要被牢記在心的限制。

你瞭解到即使在考慮一件改善時間表編輯的工作流程時，所提出的替代方案也是要容易使用的，它要能方便地找到資料項的錯誤，修正錯誤也不能太麻煩。它亦需要能維持或擴展原有工作流程在管理監督上的有效性。

你相信規劃出來的工作流程能滿足所有的需求—而且還能兼顧到其他面向。馬堤歐似乎還有些懷疑，但看到你的建議後，還是覺得滿興奮的。

工作流程設計與資料塑模息息相關

馬堤歐同意若方式正確，讓員工自行修改時間表可能是原流程最重要的改良。

為了讓整個建議更具體一點，你點出新流程的幾項明確的優點：

- 若員工在提交對時間表的修改前，能預覽其所作的更動，他們就知道在這個修改要求被核可了之後，自己的工作時間會是什麼。如此就能避免因溝通不良，而需要修正資料項錯誤的操作。
- 假設所有等待修正的要求都清楚地被標示，時間表與其他報表就可以立即更新，以反映修正要求，而不會一直呈現不完整或不正確的資訊。
- 與其要等分散於各辦公室的經理蒐集各部門的要求，然後轉給薪資經理，所有的這些要求將直接由員工輸入到系統中，只要再經檢查與核可的步驟，就可完成這個程序。這將為經理人省下大量容易出錯的工作。
- 若大家對一項特定的修改產生疑慮，則所有管理階層與提交該修正的員工都可以在同一時間檢查同一項資訊。若修正要求需要再修改，也可以即時將資料更新，讓所有需要檢查這筆紀錄的人都看到。
- 因為這套新的修正要求系統會將正式的要求，轉成修改要匯入時間追蹤系統本身的時間表資料，紙本流程會比公司現行系統要來得完整且一致。
- 接受或駁回修正的通知可以自動化，避免在尚未溝通完成前就下決定。
- 在發薪期間，若還有等待核可的時間表編輯要求尚未處理，則薪資經理會收到警告訊息。

這些潛在的優勢是否能充分展現，取決於實作是否能克服進行變革時所遭遇到的阻礙。對這些問題，你已經在技術上作好了一些因應措施，也製作好一些模型了；現在是呈現設計的時候了。

解決方案的核心是一個呈現器物件（presenter object），它能組合資料中二個重要欄位：特定工作天已送出的打卡資料，以及打卡列表中所有的已提交修正要求。

組好的資料集將被用來呈現三項重要的資訊：在修正要求提出前的時間表、修改後的時間表以及修改項目的彙整表。

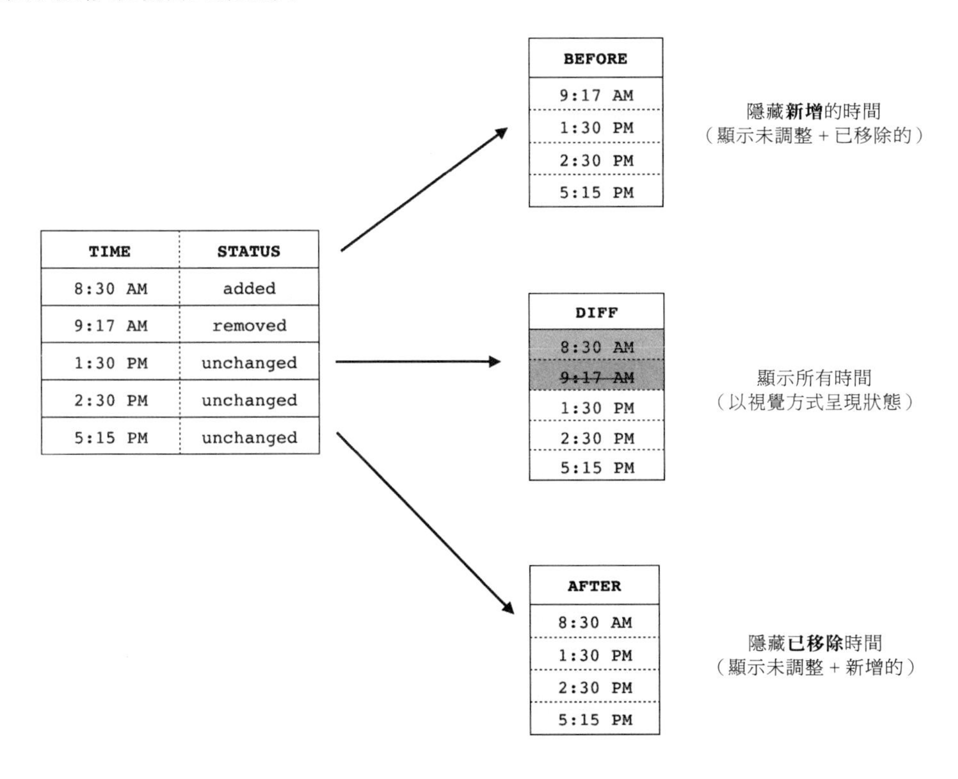

你強調 AFTER 資料檢視（view）並不只是用來檢視一個要求的最終狀態；當 PunchAdjustments 被加進 TimesheetRevision 時，它也可以即時更新。這使得它能模仿在使用者介面中，直接編輯打卡資料。

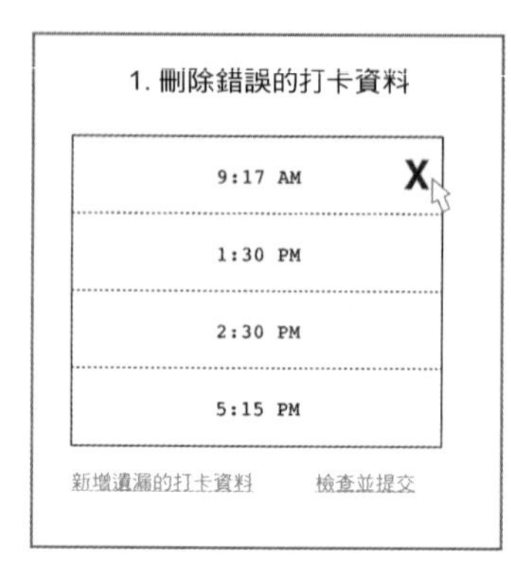

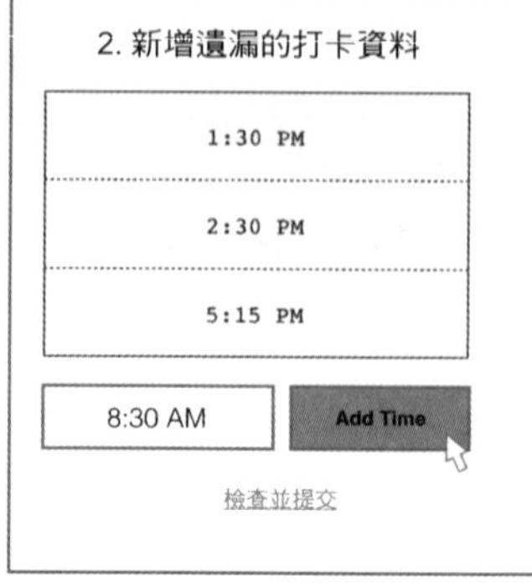

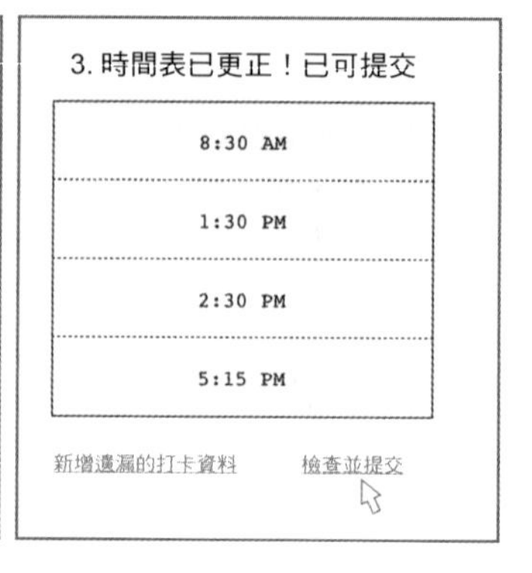

當員工準備好要提交要求（request）時，修正前、修正後與差異表都會在一旁呈現。檢查完修改後會有正確的打卡資料後，他們要填寫備註欄說明為何需要更改這筆資料。

要求提交後，在管理面板中就會一併被呈現在修改要求畫面中，這個畫面看起來會像下圖：

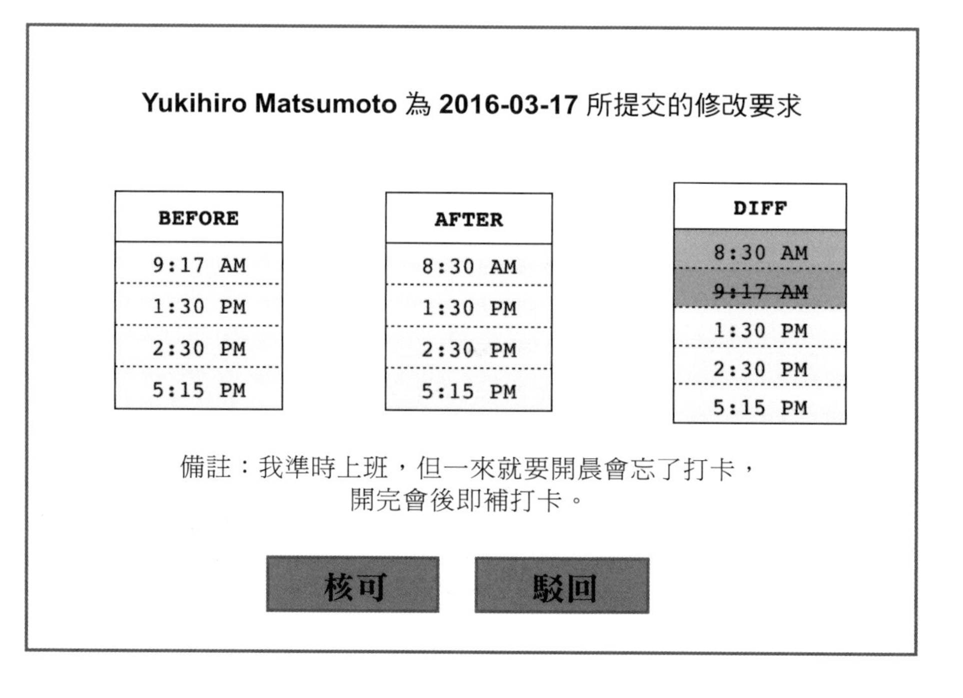

若這個要求被核可，則系統就會新增一筆在 8:30 AM 的打卡紀錄，而 9:17 AM 的打卡紀錄就會被標示為已移除。若它被駁回，則 TimesheetRevision 就會關閉，且 Punch 中的資料都不會被更動。在這二種情況下，時間表會回傳沒有待修改紀錄的狀態。

這個流程的關鍵功能是用來計算員工薪資的正式時間紀錄，只會在薪資經理核可修正要求時會被調整。這能達到現有流程所強調的集中管制與監控目標，而且能簡化進行調整時所需進行的溝通，如此應能大幅降低資料輸入錯誤的情況。

回顧對核心資料模型所作的改良建議，顯而易見的是，每一個小調整都為下一個改良奠基。這個新設計最重要的地方是，它並不需要對原始模型作出大量大幅度的修改；只要對系統中資料儲存與互動的方式稍加修改就可達成。

新的工作流程不一定會被公司接受；還是需要考量實務上的政策與預算限制。不過至少你有信心，這些想法會存續在新系統中，而且會讓所有使用系統的人覺得更便利更完善。

建議與提醒

- 讓資料維持在原始格式，不要馬上就要將它轉成與特定領域概念精確對映的結構。你可以隨時將原始資料轉成想要的格式，但要從複雜的模型中將相同的資訊擷取出來，可能會過於複雜，也不一定必要。
- 發展資料模型時，要多思考許多資料呈現、查詢與修改的不同方式。很少有實際的專案，只會在各別資料紀錄上進行簡單的建立、讀取、更新與刪除操作。因此，要依據計畫的性質來進行規劃。
- 透過人性化的方式，儘量簡化預覽、註記、核可、審核與復原交易資料的變更流程。實作這樣的工作流程，通常要另外編寫程式而不會直接套用現有的程式庫，不過在資料模型中套用事件溯源模式，可以簡化一些工作。
- 設計資料管理流程時，要尊重並支持使用者的組織文化。不重視康威定律的系統，不太能承擔重責大任。

問題與練習

Q1: 本章描述的時間追蹤工作流程，適合於有幾十位員工分散在幾間辦公室規模的企業採用。就只有 5 名員工，在同一間辦公室上班的企業而言，系統的樣態如何？就有 5,000 名員工，有 50 處辦公地點的企業而言，又如何？

Q2：工作上所用到的與所產出的軟體，適合公司的文化與溝通風格嗎？若不適合，企業與其所用之軟體在文化上的隔閡，會造成什麼樣的後果？

E1：挑選一套最近使用過的軟體，想想看其中的資料如何因人為疏失而與真實情況產生落差。探究所使用的軟體，如何處理這些錯誤的情況，寫下你看到的，明顯與較不容易察覺的問題點。

E2：運用事件溯源模式，為具有如下功能的簡單井字遊戲塑模：儲存、回存（restore）、復原（undo）與遊戲過程重播。如果你還想多作練習，可以在遊戲腳本中加入分支。

第七章

流程要逐步改良 避免過度承諾

假設你是一位顧問，專精於協助販售產品並處於早期發展階段的公司，解決其成長過程中所面臨的問題。

你的新客戶是才剛從網頁開發商轉型成經營產品只有幾個月的公司。這家公司主打的產品是稱為 TagSail，能協助使用者尋找附近後院販賣會（yard sales）的行動版網頁型應用程式。

TagSail 的商業模式很簡單：免費供欲尋找後院販賣會的人使用，但張貼訊息的人則需要酌收費用。付費使用者還可以使用一些特別功能，不過如同許多初期的產品那樣，TagSail 所提供的服務，看來似乎沒抓到重點。

幾個月來，產品似乎沒什麼進展，但最近幾週卻好像開始獲得一些關注，產品逐漸有起色。但這卻在技術與人力二個層次上形成壓力，團隊已經處於願意嘗試任何技術與作法，避免產品又被打入冷宮的狀況。

你的任務是協助 TagSail 團隊，一方面仍可持續提供穩定的高品質服務給客戶，一方面要減少不必要的虛耗。要達成這個目標，你將運用精實創新來改善流程—但仍要視實際的狀況作一些調整。

在本章中…

你將學到會導致軟體專案管理困境一些常見的反模式（anti-patterns），並瞭解各層次中漸進的流程改良，如何能解決這些問題。

迅速安全地因應未預期的錯誤

今天是你到職的第一天，公司裡已經有緊急狀況發生了。一支反向地理圖資編碼的 API 出了問題，造成所有向 TagSail 首頁提出的要求，都得到了內部伺服器錯誤的回應。

你詢問艾瑞卡（公司的首席開發者），以更瞭解細節：

> **你：**我知道這時不適合促膝長談，不過可以請你花一點時間讓我可以很快地進入狀況嗎？
>
> **艾瑞卡：**沒問題。因為有人在流行的郵件論壇中介紹我們的網站，今早流量暴衝，以致網頁的載入時間拉長。我們增加伺服器的數量，試著消化需求，狀況略有改善。不過幾分鐘前，我們的反向地理圖資編碼服務也開始拒收所有要求，我們的首頁完全無法運行。
>
> **你：**那麼現在呢？這項服務是不是都不能用了？
>
> **艾瑞卡：**沒錯，使用者都會看到一般常見的「很抱歉，發生故障！」訊息，這個訊息是內部伺服器發生問題時，作為回應的訊息。情況很糟，因為我們從沒見過在一天內有這麼多的使用者。
>
> **你：**有人知道修復網站需要多少時間嗎？
>
> **艾瑞卡：**目前我還不能確定。我們還在找到底反向地理圖資 API 是哪裡出了問題，也還在想如何能讓網站恢復正常。我們猜也許是某種流量限制的問題。

你繼續觀察了幾分鐘，認為整個團隊可能聚焦在錯誤的問題上了。與其尋求修復故障的 API，倒不如先讓首頁重新回復正常運作—即使其功能運作尚未完善。

初步討論後，開發者們開始瞭解到反向地理圖資編碼並不是重點。另外一組 API 則偵測使用者的地理座標，並將地圖的中心定在他們所在的位置上；反向地理圖資服務只需要將這些座標，轉成將列在地圖上搜尋框中有意義的地點名稱即可。

暫時停止對反向地理圖資料編碼 API 的叫用，將使位置搜尋框變成空白。這在偵測到不準確的位置時，可能會導致一些可用性上的問題，因為使用者首先看到的地圖中心並不在他所在的位置上。但既使在這種情況下，使用者還是可以在搜尋框中手動輸入他們的位置，如此之後的運作就可恢復正常。

雖然團隊中的許多都覺得這個方法可行，但山姆（團隊中經驗最豐富的前端開發者）對此卻持保留的態度。他認為將伺服端的反向地理圖資編碼 API 移至客戶端，就可以有效地修復問題的來源，既能解決流量限制的問題，也能完整回復網站的功能。你同山姆與艾瑞卡擇要地討論了取捨的問題：

你：你是否已經實作好客戶端了？還是你現在才開始要寫程式呢？

山姆：嗯，我們當初在做這個功能時，我就提議這樣做，那時我也寫了一些程式，驗證這個概念是否可行。我不確定手邊是否還能找到這些程式碼，不過依據那時所寫的文件，要再將之實作出來並不困難。

你：做好這些調整需要用多少時間？如果我們用這個方法的話？

山姆：我認為很快就可以修復。最多用半個小時。

你：之前驗證概念時，測試的環境與真實的情境有多大的差別？你有模擬過許多要求同時到達的情況嗎？你有在產品必須支援的所有瀏覽器上進行測試嗎？你有實際上讓它承受過實際的網路流量嗎？

山姆：嗯，沒有。不過這支 API 是由 FancyMappingService 所提供的。我願意相信它足夠應付各種常見的使用案例，而且這個服務也相當普遍。

你：你知道嗎，我認為或許你是對的，但我也擔心壓力測試太薄弱了。如果我們將能消除壓力的功能拿掉，我們能更清晰地進行思考。

艾瑞卡：可不可以有個折衷？山姆可以開始製作修補程式，將反向地理圖資編碼移到客戶端，我則將這個功能關閉，空出一些時間來。這應該只需要幾分鐘的時間，至少在最壞的情況下，我還可以將網站回復到目前的狀況來。

你：聽來不錯，只要等到系統回復到穩定狀態後，就可以開始用山姆的修補程式進行實驗。

艾瑞卡埋頭去關掉反向地理圖資編碼功能，這頭進行得滿順利的。她問你要不要立即佈署她修改後的程式，不過你認為即使處於這麼混亂的情況，最好還是先檢查確認後再佈署，這比匆匆忙忙趕著去處理問題妥當多了，也不會讓目前的這種麻煩的狀況變得更糟。

在你們繞辦公室走一圈，看看其他同仁在處理什麼事情之前，艾瑞卡為山姆開啟了一項拉回請求（pull request），讓他可以進行審查。

等待的時間總是覺得漫長，山姆終於透過傳訊軟體傳回一份更新給艾瑞卡。他還在寫他的修補程式，再過 15 到 20 分鐘就可以寫好回傳。他也會跳過這些暫時的調整，直接佈署他做好的修補程式。

你不發一語，但看你的臉色就知道，你並不想收到這樣的回應。你走過大廳到山姆的辦公室裡，一把將門關上。

5 分鐘後，艾瑞卡收到通知說她的分支已被佈署出去了。緊接著，你拖著山姆回到她的辦公室。艾瑞卡把伺服器的紀錄檔打開，你們 3 個就一起盯著系統看。

隨著要求紀錄不斷被捲離螢幕，代表使用者已經能再次載入首頁了。如之前所預期的，手動查詢位置的要求數量大幅增加。

看來網站已重獲穩定，艾瑞卡讓山姆回去製作客戶端的修補程式。當立即性的危機一解除，就不需要急著將修補程式發送出去—所以在將它發送出去之前，可再詳細地檢查與測試一番。

找出並分析運作瓶頸

離你上次到公司來已經過了一個禮拜，你問艾瑞卡的第一件事是最近這幾天推出了哪些功能。

在她跟你說「除了修復一些臭蟲之外，並沒有推出什麼新功能」時，很難不注意到她眼中閃過的淡淡失望。你不浪費時間，直接切進重點：

你：若上週沒有提交任何新的改良方案，妳團隊裡的成員都做了些什麼？

艾瑞卡：我想想看…我開始將一些分類廣告網路整合進我們的程式中。

我們之前有做好一個內部程式庫，山姆在編寫新版的程式庫，為下個月將推出的一些新功能作準備。

至於聖吉塔與大衛，則在處理預計於本週發表的改良版，不過有一些緊急的支援需求臨時插進來，他們要先停下手頭上的工作去處理那些問題。

你：緊急的支援需求是什麼？

艾瑞卡：與我們的分類廣告整合有關。幾週前我們加進了對一個廣告網路的支援，這個網路相當受歡迎，剛開始它看來似乎運作得很正常。不過它新版的 API 只支援某些特定的地區，其他地區只能使用它的舊版 API。

二 API 之間的差異不太大，我們當時認為，只要不使用任何較新的功能，則可共用它們之間的一個通用客戶端，後來發現，這個假設是錯的。

你：你們是怎麼發現這個問題的？

艾瑞卡：透過使用者回報的臭蟲。就整合的這個面向而言，當時我們並沒有很好的監控機制可用，因此我們只能依靠支援團隊，請他們充當我們的耳目。

問題只出現過一、二次的時候，我們認為它是一個獨立的問題，只在每週的臭蟲報表上，對它進行檢查或安排問題處理的優先順序。當同樣的問題重複出現三次以上，處理問題迫切性提高，有人會馬上去瞭解狀況。這就是這個問題到目前的處理過程，它把大衛跟聖吉塔的下半週都用掉了。

你：不過，目前他們所探究的事都整理好了嗎？

艾瑞卡：嗯，我們**覺得**已經整理好了。我們並沒有直接存取幾套整合進來的系統，實際上，也並沒有為每一套我們支援之系統的每一套版本，都架設一組模擬環境。他們所寫的修正程式似乎能解決臭蟲報告中的問題，不過，很難判斷我們是否已完全解決了這個相容性問題。

你：聽起來如惡夢一場。

艾瑞卡：沒錯，我想這段時間來，我們至少用了一半的時間在處理這個整合問題，我懷疑投入到其中的時間是否能獲得足夠的效益。

你詢問艾瑞卡，想瞭解新整合方案需求的處理方式，她從客戶資訊看板上拿了一張小表格給你，上頭寫著「找不到你的在地分類廣告商嗎？請通知我們，我們會儘快將它納入！」

艾瑞卡解釋說，這張表格會產生許多要求，工作團隊只能儘滿足這些要求，因為要將每一項服務都整合進來，會有許多變數。有時可以找到易於配合的網頁式 API，有時，所謂的「整合」卻代表要處理任意格式的電子郵件報表、上傳到舊式 FTP 伺服器中的試算表，或甚至是傳到傳真機的文件。

連**脆弱**這詞也沒辦法形容 TagSail 的分類廣告網路支援，不過銷售團隊（某種程度上）卻認為，為客戶處理這些麻煩，最終將可獲得回報。你覺得好像有什麼不太對勁，於是開始往下探究。

注意權衡得失

就許多事情而言，80% 的收穫源自於 20% 的投入。

—帕雷托法則（Pareto Principle）

你花了幾分鐘檢查專案的問題追蹤器。對整合後的程式所發出之要求的流動速度，是即將關閉之現有需求的 5 倍快。你在臭蟲報表新增紀綠時，這個比例實際上會接近到 8:1。

這種數字代表情況很糟，因為它表示大部份的要求都無限期地占用空間，且被占用的空間愈來愈大。不勾選它，則維護起來會愈來愈頭痛。

如何處理分類廣告整合，已明顯影響流程。嚴重程度則視公司願意（或不想）花多少成本去處理。你問了更多問題，想要有更深的瞭解：

你：廣告網路整合的商業模式為何？

艾瑞卡：執行廣告的外部成本有多少，我們就向客戶收多少費用，再加上將客戶後院販賣會列入我們網站的基本費用。

你：換句話說，這些整合本身並沒有對收益有直接的貢獻；它們只是提供給客戶的優惠措施？

艾瑞卡：沒錯。坦白說，我們原本就不計劃將這個服務推廣到全國。我們原本只與一個新英格蘭的主要供應商整合。我們希望透過這種方式來提高能見度，吸引更多付費的客戶。它確實能滿足這二個目的。不過，接下來怎麼做，我們並沒有作進一步的規劃，而要求則開始源源湧入。

你：讓我來猜猜看：銷售團隊對初步的成果感到興奮，自然就會希望能支援更多整合？

艾瑞卡：沒錯，而且也沒有跟我們先打個照面。首次的整合一天就弄好了，而且可以支援幾十個城市；他們並沒有想到未來的整合過程比服務小型市場，需要更長的時間。

你：我想我開始瞭解問題了。

在艾瑞卡的協助下，你做了一點點市場研究。你從統計報表[1]中挖出一些數據來，根據這些數據顯示，美國境內每週平均舉行 165,000 場後院販賣會，其所衍生的分類網站貼文，每週則有近 95,000 筆。

艾瑞卡很快地查詢 TagSail 中的資料，結果發現，其中的資料筆數，每週約有 15,000 筆，這差不多是全國份額的 10%。

在這些客戶張貼交易中，超過半數至少存取過一次的分類整合。在這個群組中，差不多有 1/8 的客戶願意支付額外的費用，讓他們的廣告同時出現在在地的報紙或新聞網站中。所以，平均起來，一週約有 1,000 筆左右的交易會運用到分類整合功能。

你請艾瑞卡計算每個整合的平均項目數。依據她手頭上的原始資料，你做出下列的圖表：

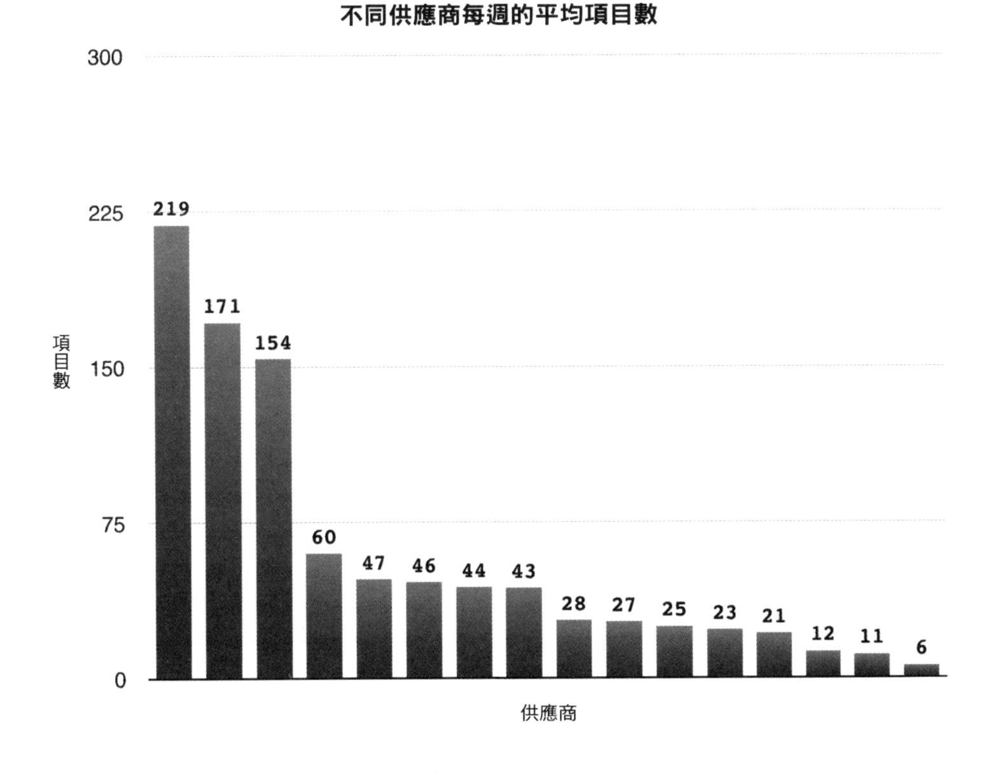

1　若你好奇的話，可以到這裡（*http://pbpbook.com/stats*）取得用來虛構故事之眞正的統計報表。

事後來看，這件事似乎合情合理，不過有件事想來卻覺得怪怪的：幾乎近 3/5 的分類廣告都由前三大的整合來處理，而且後 50% 的整合只處理不到 15% 的項目。在從客戶相對較少之整合開始的情況下，支援這些較不普遍的服務，就開發團隊而言，完全是在浪費時間。

你建議艾瑞卡向珍報告這項發現，珍是產品團隊的負責人。她猶豫了一下，懷疑她所顧慮的事會被慎重看待，因為她們還是要以銷售團隊的要求為優先。不過在你指出不管是產品團隊或銷售團隊，都沒辦法存取用來產生這份新報表的資料時，艾瑞卡覺得這次她的想法可能會被認真看待，她更加專注認真了。

珍與艾瑞卡聚在一起討論問題，你在一旁靜靜聽著並居間協調。在她們達成大部份整合工作都是浪費時間的共識後，你列出一些如何能讓工作恢復平衡的具體規劃：

- 將提供支援的資源用在前 8 個受歡迎的整合上，如此每週平均就可涵蓋超過 83.6% 的項目。
- 每個月設定一個固定的工作量限制（如可從 20% 開始），處理整合的工作。若團隊工作超過這個限制，則需回報給產品團隊，這樣他們就可以依照實際情況進行調整。
- 如果找得到的話，查核 8 個沒那麼受歡迎的整合，決定要給它們多少程度的支援。維護負擔不會太重的，還是可以留著使用，整合成本太高的，應該要逐漸淘汰掉。
- 與產品團隊合作，評估潛在市場的大小，以及在加入更多廣告網路前，實作與維護整合的成本。確保大家都知道，用在整合上的時間沒辦法再被用到其他有潛在價值的工作上。
- 讓客戶瞭解，系統並不保證支援新的分類廣告供應商，也請考慮將需求表完全移除。
- 當整合工作的負擔穩定後，要投注一些資源到主動維護措施，如更好的監控、記錄、分析與測試。這些預防措施中要優先處理的工作，取決於以往的經驗，而不是未來能預想到的需求。

如此規劃的目的是設定可投資到回收逐漸萎縮之應用程式開發領域的上限。雖然經常會被忽視，單純的時間預算規劃是限制專案高風險領域所產生之風險的有力工具，它也會讓大家更重視優先順序與成本效益分析。

在這些改變中，既使只有部份實現，就能簡化開發團隊的工作，也可以空出更多的時間，用在更有生產力的工作上。

限制工作以減少浪費

4 個禮拜過去了，你又到 TagSail 團隊這邊來，關心事情的後續發展。你提出的第一個問題是，他們是不是已設法控制了分類整合的相關問題，艾瑞卡很高興地報告說他們已將產品方面的問題都處理好了。

你接著詢問從你上次來過之後，有發佈了哪些新的功能改良，艾瑞卡哀怨地告訴你：並不多，除非你連臭蟲修正、瑣事與內部程式碼的整理都算進去。尷尬了一會兒之後，你調整一下情緒，開始探究原因：

> **你：**我不懂。在我們上次討論後，你們不是已經釋出團隊 30% 的時間，而且也大幅減少不在計畫中的緊急任務嗎？
>
> **艾瑞卡：**是啊，但當產品團隊發現我們不再每天忙到昏天暗地後，他們開始丟一些新的任務給我們，要充份使用這些空出來的時間。
>
> 在我們碰上麻煩之前，他們似乎一直想要我們「趕上」預先規劃的進度。因為如此，我們又退回到之前的困境。
>
> **你：**所以，結果怎樣？會因為要空出時間來做下一組工作，所以讓目前的工作還沒做好就要送出去？
>
> **艾瑞卡：**不，不是這樣。每週都有新任務被規劃好，被指派下來，但產品團隊回應我們問題的速度很慢，核可讓我們推出產品的速度也很慢。我們內部的程式碼檢查與 QA 測試進度都落後，因為整個團隊被指派任務的速度，遠比我們能結案的速度快。
>
> **你：**不管你相不相信，這就是事情有進展的徵兆。將目前的工作瓶頸移除，很自然地，下一個瓶頸就會浮現出來[2]，新的癥結點是工作在被釋出前，檢查與核可的速度有多快。找到正確的節奏並持續努力，需要費一些功夫，但持續處理著工作，你就會開始看到真正往前的動能。
>
> **艾瑞卡：**如果你指的是要求產品團隊減少每週指派新工作的量，那幾乎不可能。當時在找新一輪的投資時，他們就已承諾，堅持一定要行程滿載，充份運用資源，我們承受了很大的壓力，要很快地將新的成果推送出去。

2　欲更瞭解這個概念，請研讀艾利．高德拉特（Eli Goldratt）的限制理論（Theory of Constraints, *http://pbpbook.com/goldratt*）

你：不過卡在程式碼檢查階段的成果是沒辦法送出門的，在發行前，排在佇列裡好幾天或好幾週，等著產品經理核可的成果也是如此。你可以同時進行數百項改良調整，但只有能發行出去的那件，才能產生價值。

艾瑞卡：我同意你的看法，但我們如何改變產品團隊的作法呢？

你：雖簡單但需要溝通：我們要讓他們調整心態，沒有發行的程式碼並不是資產，而是庫存。不只如此，它們還是容易腐敗的庫存，運送起來也要成本。

艾瑞卡之前有向產品團隊解釋過，但她採取另一個角度的觀點去談。她強調調度不同工作時的情境轉換（context switching），以及在現有工作未完成時又要進行新工作的壓力，會產生的巨大成本。

你指出，雖然這些顧慮都存在，但比較好的方式是讓溝通的過程，聚焦在會對團隊將有用的成果遞交給客戶產生負面影響的作法上。為了找出支持這個論點的證據，你要艾瑞卡讓你看團隊的看板（Kanban board）：

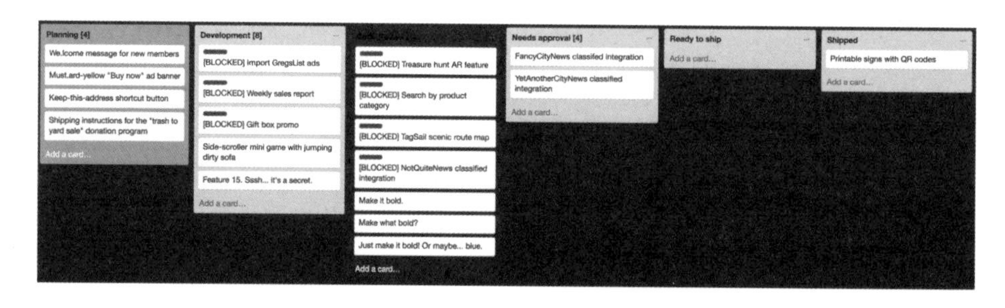

幾乎是同時，你注意到其右（代表可以遞送跟已遞送的成果）邊的部份幾乎是空的，而其左與中間的部份（代表計劃要做的與正在做的）則滿是項目。裡頭也可以看到有許多被隔開的工作（blocked tasks）—若一次將這些加進來—將造成嚴重的超載。

要解決這個問題，你需要跟珍談談，她是負責每週要做什麼的人。艾瑞卡打電話給她，並在一旁聽你跟她討論專案規劃進度與遞交進度間的關鍵落差：

你：幾週前我們作了一些改變，希望能將進度加快，不過從艾瑞卡告訴我的情況看來，事情並不是那麼順利。你覺得事情進展得如何？

珍：有好有壞。好的部份是開發人員最近似乎比較不急於去處理緊急的臭蟲，他們可以專注在有生產力的工作上。不過 CEO 與投資者還是會給我們很大的壓力，讓產品繼續成長，我們許多的合作關係目前取決這二者的平衡上。

你：開發團隊最主要的問題是，新任務在他們能送交或完成目前工作前，就被指派下來了，就我所知，他們對此頗有微詞。

最近一次與客戶有關的改良約在 6 週前完成。目前則有 2 項新功能等著要被核可以上線運作，但有 12 項功能處於研製中的狀態，還有 4 項是處於規劃階段！

珍：我知道，一團混亂，我們如何因應？

你：嗯，你們每週實際上能釋出多少新功能？

珍：根據原先的規劃，每週要發佈一個主要更新版本與 2 到 3 個小規模修補版本。每週二要寄發電子報，宣佈新版本的釋出，並說明其使用方法。

你：聽起來合理，但安排新任務的速度卻遠比將其推出的速度快。結果是，你把任務排進來了，但卻因進行任務所需的溝通與回饋而延宕。重要的是整體的行進速度，當排進系統的比送出系統的工作多出許多，負擔就會逐漸超出負荷。

珍：我瞭解你所說的。部份的問題是我們希望讓開發者處於忙碌的狀態。當看板一有空槽時，我們就會找來開發者一起規劃新功能。現在他們的步調變快了一點，實際上也花了不少時間。

你：何不運用這些時間讓有問題或需要認同的開發者們擺脫束縛？讓他們維持在有生產力的狀態，不也會更快產生更多可發行的成果嗎？

珍：如果我自己就可以做這些決定，我絕對會這樣子做。不過，有些開發者所問的問題，我直接就能回答；有些則需要與銷售團隊討論，有些需要對客戶進行研究，有些需要與供應商或合作伙伴商量，還有些問題我甚至需要與 CEO 坐下來談。

不幸的是，有時一個若找到對的人十分鐘就可解決的問題，可能要花上 1 週或更長的時間去取得回應。

你：好，我現在瞭解問題所在了。你正試著讓開發步調比回饋瓶頸快一點。

但這一定行不通，所以我們要嘛讓發行的節奏慢下來，或減少進行中的工作量，要嘛加快回饋的循環。我比較建議採取三者折衷的方式，以取得最佳的結果[3]。

這個想法剛開始遇到抗拒，但在與 CEO 開完冗長的會議之後，你與珍已擬好計畫，而且幾乎確定是有助於公司的：

3　唐納．雷納森的產品開發流程原理（Celeritas 出版，2009）是一本與這個主題相關且值得一看的書。

- 未來 4 週先暫停規劃新功能，讓目前進行中的工作可以告一段落並交付。
- 從現在起 4 週後發佈規劃好的第一個版本，之後將發佈週期改為每 2 週發佈一個新的主要功能。
- 小改版以滾動的方式發佈，不要影響到電子報的公告或受其限制。
- 持續建置備載區，讓其可暫存最多 5 個可發行的功能。目前主要工作進度受影響時，這個備載區就可以作為其緩衝。
- 一旦緩衝區建置完成，讓工作規劃與發行計畫同步，如此最新發佈（或取消）的功能，就能啟動新的主要功能的規劃工作，而不是一味地將開發者的時間排滿。
- 檢查並剖析產品的發展規劃，讓參與的銷售團隊與開發者，都瞭解修改後計畫的成本與效益何在。
- 將星期一上午訂為全公司的溝通協調時間。在這段時間裡，沒有人還要埋頭苦幹或參加正式會議；相反地，這段時間將被用來協助所有被問題卡住的人去解決問題。

整體的目標是讓整個組織有時間喘口氣。透過準備好的成果，在整個區域變得擁擠不堪之前，一個接一個地發佈出去，如此工作的節奏就可以變得從容與穩定。

也就是說，這個計畫只是一個開端，你清楚地讓珍與艾瑞卡瞭解，要讓全公司上下都習慣於這個工作方式的話，還會面臨一次又一次的挑戰。因此，你建議以一個為期 12 週的實驗作為開始，看看後續會有什麼發展。

讓整體價值大於每一部份的價值和

一晃眼就過了 3 個月。如你所設想的，並不是每個人都能很容易地照著計畫走，團隊成員中，一定會有一些會用回原來的老方法來處理事情。雖然如此，他們還是得勉為其難地跟著大家走，而且你計畫中的某些部份肯定已有了一些成效。

為了讓你瞭解過去這 12 週的執行過程，CEO 要求每一個部門繳交一份「玫瑰、芽與刺」表格，彙整說明最近這幾週的工作進度。

玫瑰代表已做出的成績，芽代表有發展前景的事，而刺則代表痛點（pain points）：

	玫瑰	芽	刺
銷售（史帝夫）	最近 12 週來的 5 個需要發佈的主要功能，都已如期發佈。	持續交付小範圍的修補程式可大幅提升客戶對產品的評價。	目前的成長速度仍遠低於原本的預期。
客服（萊娜）	新功能的平均不良率顯著降低。	客戶已經開始重視我們對緊急事件的應變速度。	許多小問題與「有這真好」的功能要求被拒絕，因為它們沒辦法列入優先處理的名單中。
產品（珍）	減少目前處於 WIP 狀態的工作，能讓設計師專注在品質而不是在數量上。	建置可發佈之功能緩衝區之後，我們能更有彈性地決定何時要發佈哪一項功能。	銷售團隊在規劃新任務時，仍強調新穎因素，而不是著重在改良現有的功能。
研發（艾瑞卡）	現在工作很少被擋掉，即便被擋掉，其影響也已被降到最低。	在計畫時程上留足夠的時間，能讓我們逐漸消化技術債。	我們覺得已與產品設計流程脱節，這會讓程式設計工作變得更加困難。

儘管過去經常舉辦跨部門的會議，但整個組織針對決策如何影響到每位成員作高階的檢視，可能是第一次。雖然還有許多問題尚待解決，他們做這件事畢竟也代表公司內部將會產生更好的合作模式。

4 位部門的負責人開始討論彼此間的困難點，剛開始大家都有點拘束，但不久之後，大家就開始各說各話了起來。你冷靜地建議大家先休息一下，之後再繼續討論。

四位主管回來開會後，你要他們各自對所列的痛點，在「為何它會造成傷害」的欄位中，寫下概要的說明。然後你將他們所寫的回饋排在一起，讓他們可以從大局整體的角度來看自己所顧慮的項目。

	傷害	為何它會造成傷害
銷售（史帝夫）	目前的成長速度仍遠低於原本的預期。	若接下來的 6 個月中，無法讓總收入增加 50%，我們會有很大的財務問題，要嘛尋求另一輪的投資，要嘛縮編。
客服（萊娜）	許多小問題與「有這真好」的功能要求被拒絕，因為它們沒辦法列入優先處理的名單中。	絕大多數的小問題雖都可以容忍，但還是會對客戶造成負面的影響。拖太久沒有處理的話，問題雖小但拖久了還是會出問題。
產品（珍）	銷售團隊在規劃新任務時，仍強調新穎因素，而不是著重在改良現有的功能。	把天底下所有功能都加到產品裡頭的作法，產品雖能有亮眼的功能清單，但卻會讓產品的設計支離破碎。
研發（艾瑞卡）	我們覺得已與產品設計流程脱節，這會讓程式設計工作變得更加困難。	當產品團隊為我們的工作排定優先順序並進行規劃，但卻沒有讓我們進行技術可行性檢查時，他們是沒有先考量成本就在估算一項功能的價值。

討論重新開始，但這一次你主動讓會議和緩地進行，讓與會者能專注在議題上：

你：我想從史帝夫的顧慮開始，因為這是件麻煩事。產品可以賺錢，但不代表現金流就會是正的──先不管是否獲利。公司有超過 20 名工作人員，這是一個可怕的問題，而且這個問題應該列在每一個人心中的首要位置。

珍：這是我第一次看到史帝夫用過程，而不是用預期的獲利成長來說明這件事。我想公司裡的每一個人都能瞭解前者的說法，後者的說法就比較抽象一些。

艾瑞卡：我不知道，我想如果我告訴他們說「如果我們沒辦法把這件事處理好的話，6 個月之內，你們當中就有人會失業。」，我團隊中的開發者應該就會瞭解這個嚴重性。

萊娜：我同意，而且我確定若公司需要縮編的話，客服團隊的成員應該會第一個被砍。這是很嚇人的。

史帝夫：不幸的是，合理的成長比例並不是銷售團隊負責決定的；我們負責達成 CEO 與公司投資者所設定的數字。我們被交辦要達成的成長曲線，要比實際上能達成的要陡峭得多，而這種情況已經維持有數月之久了。

你：不過這不就意味著產品的發展路徑也是往設定的成長曲線來走嗎？易言之，當我們沒有足夠的資源去支應時，我們不正運用著「要不持續壯大要不就收拾回家」的策略？

史帝夫：嗯，我覺得你說得沒錯。原因是 6 個月來 50% 的成長只能讓我們勉強維持現狀，規模不會變小。但要讓投資者感到滿意，我們需要在未來的 180 天內達成營收 150% 的成長。

你：為了討論的需要，假設並沒有合理的方法可以達成目標。若你將預期目標砍半，這樣會不會讓你將注意力轉移到銷售目前已做好的產品，而不是一直關注著新的功能？

史帝夫：我們還是要先取得 CEO 的認可，但這值得先試行幾個月。不過我們還是得要證明這個方法，也可以讓我們完成不容易達成的目標。

你向會議室裡所有的非銷售人員說，在一筆尚未獲利的生意中，現金就是氧氣──用完了，狀況就會很快變糟。想這件事時是很沈重的，但不去注意這件事，你就玩完了。

同時，產品在財務上是否成功，取決於員工是否能團結一致。在產品開發過程中，平衡每一位成員的需求，不要偏頗於某特定團隊，如此才能建造出一個更好且更有黏著力的產品。

考量「玫瑰、芽與刺」演練中所展現出的所有面向，你協助工作團隊擬出一個計畫，在後續幾個月將進行的產品關鍵開發工作中，這個計畫可以讓團隊成員併肩作戰相互支援：

- 製作一個資訊看板（dashboard），將所有商業活動都注重的 AARRR（吸引使用者、啟用帳號、抓住客戶、願意付費與推介，Acquisition、Activation、Retention、Revenue、Referral）核心指標（*http://pbpbook.com/aarrr*）都列在上面。讓每一位成員都看同一份報表，訓練所有員工都能看懂這份報表，如此，大家都能一眼看出產品的現況如何。
- 找出 AARRR 管線的可能瓶頸，讓所有團隊合作一起進行實驗，讓背上的芒刺可以早日拔除。從漸進的改良開始，視需要逐步完成重要的變革。
- 召開全員大會檢查產品的客戶引導（onboarding）流程，要從搜尋後院販售會網站的使用者角度，也要從張貼訊息之客戶的角度。讓每位成員寫下能改良任何面向的筆記。
- 檢查看看在客戶引導的流程中，是否有發現任何與現有支援要求或產品開發方向重疊的問題。將這些問題依重要性排序，讓它們可以依序在近期內處理好，然後透過 AARRR 指標去衡量其影響。
- 讓一位開發者每週中可抽出一天，去處理客服團隊認為值得修復的「小事」。每週換另一位開發者來處理這項工作，如此，所有的開發者都會有回應客服問題的經驗。
- 儘可能安排多一點交叉訓練（cross-training）的時間。開發者與產品設計者應該要值銷售部門的班，銷售人員也應該參加一些專案規劃會議，公司裡的每一位成員每個月至少應該用一個小時的時間，擔任第一線的客服人員。
- 在後續的八週中，找出三項可以從產品當中移除或能明顯簡化產品的功能。特別著重在就產品整體的角度看來不怎麼恰當的功能。

這些行動可用一項常見且簡單的建議來總結：瞭解其他人正在做的事，你就能瞭解自己正在做的事，在整體中所扮演的角色。

討論完這項計畫後，工作團隊展現出對未來的樂觀，雖然不保證能獲致成功，但對問題有全面性的瞭解後，他們更加團結了。

帶著戲劇性的口吻，你說道「我的任務已完成」，然後在夕陽的餘光中離開。此時，其他人的工作才正要展開。

建議與提醒

- 處理系統性的服務中斷問題時，可先視需要將功能關閉或降版，儘快讓軟體回復到可使用的狀態。立即性的壓力解除後，才進行故障的修復。
- 找出你過度承諾的部份，用合理的預算來進行調整，如此你才可以空出時間去處理其他的工作。不要只依靠下這些決定的直覺；想想在「餐巾紙的背面」上作計算的寓意，儘量思考工作的經濟面。
- 切記，沒有發行的程式碼並不是資產；它們是容易腐敗的庫存，運送起來也要成本。透過在期限內讓有價值的成果發行出去，讓專案中的每一位成員瞭解這個道理，而不是讓成員們一直瞎忙。
- 與扮演不同角色的同仁合作時，試著以他們可以連結起來的方式來進行溝通。用外部人員的角度來看事情，並想想「這個問題跟我面前的這位同仁有何關係？它對整個專案會造成何種影響？」

問題與練習

Q1：想想目前開發流程的玫瑰、芽與刺。團隊中的其他開發者，是否有相同或不同的看法？參與專案之非技術人員的看法又是如何？

Q2：考慮你用來衡量專案整體健康度的指標。它們能精確且有意義地呈現出重點嗎？如果不能，為何？如果能，六個月後它們還是如此重要嗎？或者你需要考慮其他的指標？

E1：選一個你目前正在維護的專案。讓其中的一個功能失效，並將它佈署到測試環境中。在沒有「修復」故障功能的情況下，以處理問題或將問題隱藏的方式，在 15 分鐘內找出能儘可能回復系統功能的方法。

E2：持續編寫工作紀錄四週，列出每天的主要工作。選出三項你認為最有效益的專案或例行工作。是什麼讓這些特定的工作，在工作紀錄中顯得特別有效益？是否能找到提高效益的辦法？

第八章

軟體開發的未來

如同之前的各章，底下也將呈現一篇簡短的故事。但因本章亦為本書的最終章，我想要暫時卸下敘事者的角色，談一些重要的事。

我之所以寫這本書的原因是，我相信「程式員是編程專家」這種觀念會有所轉變。如果真會轉變，整個領域需要為這個觀念將在不久的未來，轉變成「程式員是能解決人們一般問題的技術人員」作好準備。

我編寫程式已有數十年的經驗，所以我覺得上述的觀念雖激進—但也相當有解放的意味。對我而言，編程的有趣之處就是問題解決、溝通與以人為本的觀點；程式碼只是我所能找到的，達成上述目的最有效方式罷了。

本書所載的故事雖未附帶程式碼的範例，但它們都有明確的目標，協助你在軟體開發領域中，面對許多有趣的高階挑戰。在每一個場景背後，其實隱含了許多編程工作；只是沒有特別強調出來罷了。

為了完成我們的旅程，我們將進行更深入的探究，想像大部份編程工作都由機器完成的世界。在作總結時，我會將這些轉化成某些實際的想法，也許在謝幕前，我們還能找到一些樂趣。

在本章中…

你會看到當我們可以只專注在問題解決與溝通，而不需要編程時，程式設計工作會有的一些樣貌。

假設你站在一間幾近空曠的房間中央，過去五年，這裡是你的辦公室，每次走進這裡的時候，你總會想起一些科幻小說改編的電影情節。

要使用這個工作間，你只需戴上特製的眼鏡與手套；嵌在牆上的許多傳感器、攝影機、喇叭與其他的電子元件會幫你打理其他的事。

透過你所戴的眼鏡，這個房間看來就像是可看到壯闊城市景觀的高樓辦公室。背景雖美，但重要的是你要到這裡來做的事。

你聯絡上虛擬助理（Robo），告訴它你要開始辦公了。它馬上進入工作模式，貼心地提醒你有哪些事要做：

> **Robo：**您好！未來城交通部的卡蘿要你準備一份報告，協助她規劃下半年度人行道的維護預算。我需要載入這個專案的相關資料，開始協助您處理這個案子嗎？
>
> **你：**好。我們先來看看有關城市服務需求部份可取得的公開資料。顯示未來城 311 號 API 中的服務編號表。
>
> **Robo：**這個表只是一組簡單的鍵 / 值對（key/value pairs）。請看您面前在畫面中央的視窗，整個專案的資料都在裡頭，如果你想要看某一個鍵值，請跟我說，我會將這些資料反白強調出來。
>
> **你：**我在找人行道。
>
> **Robo：**我找到一筆「人行道與路面毀損」，其值是 117。
>
> **你：**沒錯，就是這筆。

你往前伸出手，約莫在眼鏡裡所投影之「人行道與路面毀損」那一行資料的位置上，在空中用手抓捏了一下。你這樣子一捏之後，它馬上就變成一張便利貼的樣子，放在你的口袋（虛擬的）裡頭。接著你在表格上推了一下，它馬上就不見了。

你要 Robo 整理出未來城 311 號服務所提供的所有資料，它即將文件顯示在辦公室左邊的牆上。你一把抓住「已回報問題」表後，坐回位子上陷入沈思。

因為未來城要知道維護人行道所需的經費，以及有哪些人行道需要維護，所以他們要你製作這份報告。你覺得可以從對供需的評估下手—這也是你要查 311 公開資料的原因[1]。

1　雖然本章是用未來的場景來呈現，現今已可透過網路取得市政府的公開資料。實際上，本章的範例是由 SeeClickFix 的資料改編而來的（*http://dev.seeclickfix.com*）。

你並不完全清楚要找的是什麼資料，不過你決定從一些圖表（visualizations）找起，然後再決定要如何繼續進行。

> **你：**Robo，我們從這份「已回報問題」表開始，我已有資料表，你可以用它來進行查詢。
>
> **Robo：**沒問題。您要我拿這份資料來做什麼？
>
> **你：**裡頭有開啟與關閉的時間戳記欄位。用這些欄位的資料，製作最近五年的累積數據圖表，並以週為單位。將這些資料以圖及資料表呈現。
>
> **Robo：**搞定！請檢查顯示出來的資料，沒有錯的話，請告訴我。
>
> **你：**啊！我漏掉一些東西。Robo，只需顯示便利貼裡有那些「服務編號」的紀錄就可以了。
>
> **Robo：**嗶 - 蹦 - 嗶！完成。

如同健全性檢查（sanity check）那樣，你看了一眼填有數字的表格，大致上，它跟你所預期的差不多。你接著看圖：

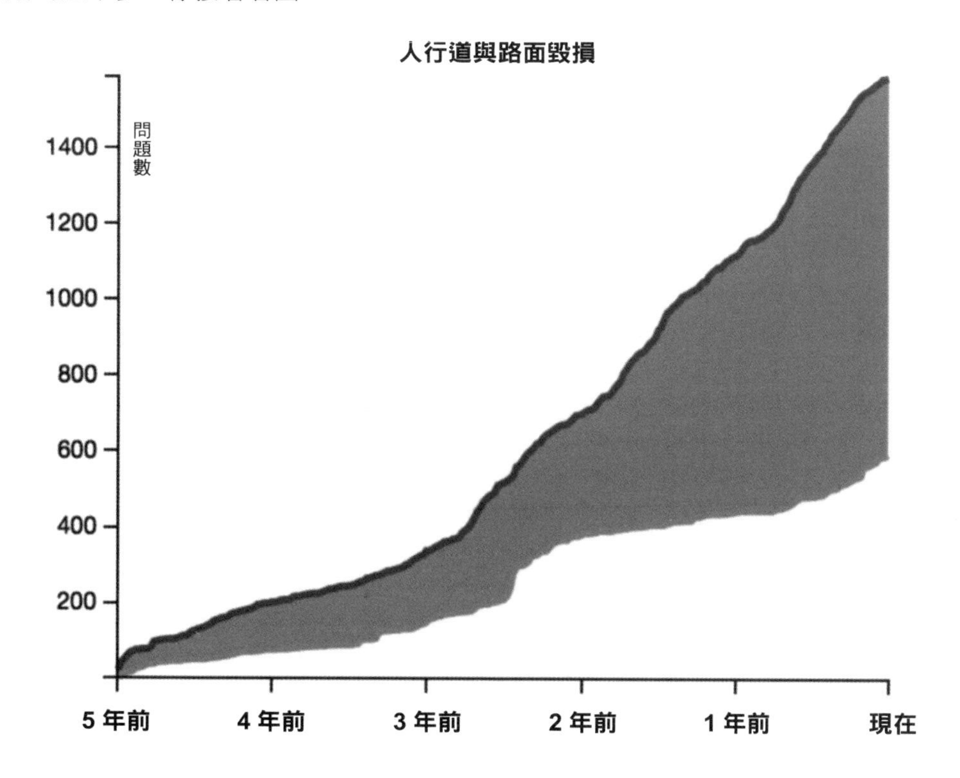

過去幾年市民的投訴量大幅飆升，很容易可以瞭解為何未來城不容易訂預算：他們沒有足夠的資源去完全地解決問題，所以要把經費儘可能地用在刀口上。

你要 Robo 傾印它有的研究資料檔案，一會兒辦公室右牆上就顯示出一堆資料頁。這些資料裡頭有一些是你上次處理未來城工作時自己找出來的，有一些則是卡蘿被指派到這個專案時，她分享給 Robo 的，還有一些是 Robo 透過本身內建的推薦引擎所找到的：

> **你：**謝謝 Robo 為我找出這些資料檔，將我正在看的這些資料彙整成一頁。
>
> **Robo：**未來城人行道的年度維護預算以地區（neighborhood）來分。有較高人行道維護需求的地區，其路面狀況指數（pavement condition index，PCI）會介於 20 到 60 間，其在分配預算時會有最高的優先權，指數最高值為 100。就目前可支用的預算而言，PCI 指數在 20 以下的地區，其維修費用太高昂。PCI 值在 60 以上的人行道，路面品質還能忍受，其實是可以先不維修的。
>
> **你：**感謝你。請將有提到路面品質指標的文件標示出來，有提到地區的文件，也請標示出來。
>
> **Robo：**嗶嗶嗶…。弄好了。

Robo 有時很聰明，它的研究功能相當於一個強大的搜尋引擎加上架構完善的知識庫。不過，需要思考的地方，還是要由人來做，這裡才是工作的真正起點。

你花了幾分鐘檢視那些被挑出來的文件，試著從裡頭找到一些頭緒。其中有一份是去年由市府的工程團隊所製作出的文件，詳細記錄著城市中幾百個地區的路況評估資料。你把這份文件像低懸的水果那樣抓上來，丟到主要工作區裡，它就被乖乖地貼在牆上。

在你問到專案的研究資料檔中，是否包含未來城地區的地理資料時，Robo 突兀地回應找不到符合條件的資料。不過，當你將問題重新描述成在互聯網中，是否能找到未來城地區邊界的地理資料時，第一筆符合的資料就是一組你希望找到的地形圖檔。

工程報告裡的資料包含街道地址與該地址上人行道的 PCI 值。你先讓 Robo 將街道地址轉成地理座標，然後再用這些座標去比對未來城地區的地形圖檔。於是就產生一份在每一筆紀錄後都加上地區名稱的資料表。

這份資料表產生後，你執行了一些統計操作，將每一個地區依照 20~60 的 PCI 區間來排名。這條公式可能要讓市政府的相關人員再檢查並調整過才比較恰當，你只是先弄出一些他們可以接著處理的資料罷了。

最後，你回到之前產生的累積數據圖上，也給 Robo 下了一些指令，讓它知道如何整理各地區所回報的問題。為了不想重複地一直說，你切換成視覺腳本模式，複製了將街道地址對映成地區的相關邏輯區塊，並在人行道問題的報表上，套用相同的位置欄位轉換。

按了幾個按鈕確定完成後，你最後得到人行道維護供需的歷史數據圖，以各地區來區分，並以路面狀況的排名來排序。你將排名前 6 名移到工作空間的主牆面中，把其他的留在二邊。

你傳了一則通知給卡蘿，說報告已經可以讓她檢查了。幾分鐘後，她就站在你的身旁（虛擬的），看著你正在看的資料：

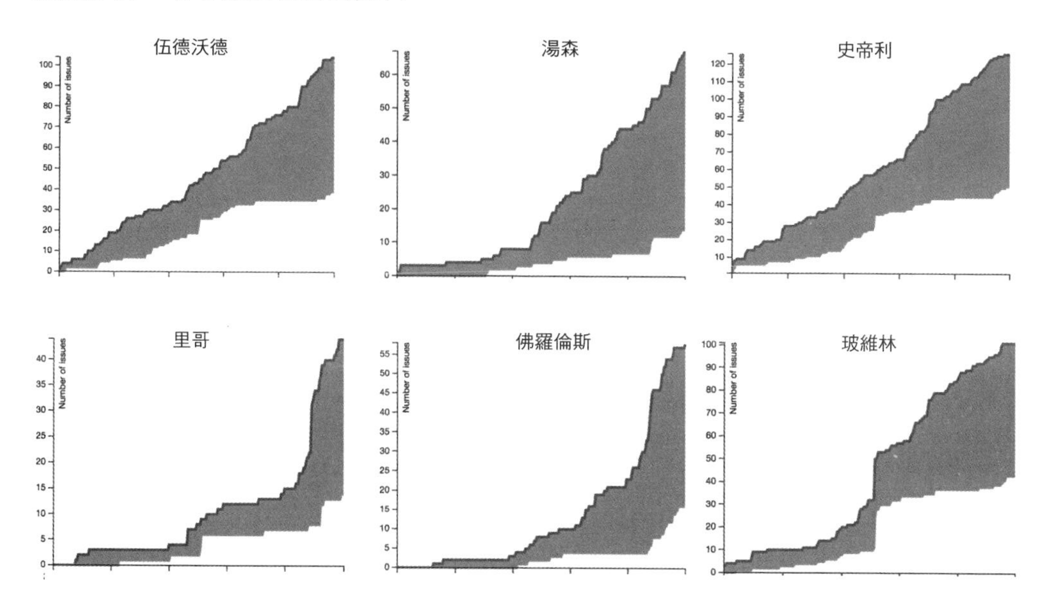

當她走來走去縮放圖表，查看不同時期的資料時，你大致解釋了報告的邏輯。你們在討論的時候，Robo 將你們開會的過程錄成影片，並自動將你們的對話內容轉成字幕，以供後續參考。

> **卡蘿：**這是很好的開端，我想接下來就要查查這些排名高的地區，一區一區地來挖掘藏在裡頭的問題。
>
> 人行道設備的搬移成本並不低，所以需維修的若比較靠近，維修費會降低，我們就可以多修一些。比較理想的情況是，一條街上就有一大堆要修，如此這些設備就不需要搬來搬去。

你：好，我可以用這種方式來整理資料。工程部門有沒有人可以給我一些資料，讓我可以依據工程位置有多靠近來為任務設定權重？

卡蘿：我也是這麼想。我已經讓他們轉寄一些資料給 Robo 了，另外，今天上午我碰到比格未來城的一位朋友，他說只要往後我們願意分享資料，他們也會將一些研究資料檔轉給我們。你可能要看看這些檔案，裡頭也許可以找到一些資料可用於我們報告中。

你：太好了。還有什麼事我可以幫忙做的嗎？

卡蘿：噢，我討厭講這個，這個案子到目前為止需要付給你多少時數的費用？這個市府對成本滿敏感的。

你：1 小時多一點。如果要一區一區地參考這些資料進行分析的話，大概需要半天的時間，全部的費用時數約莫 3 個小時左右。

卡蘿：如此極好。感謝你！

卡蘿一下就從場景裡消失。她一退出，你的虛擬工作空間也淡化消失，你就獨自被留在原先的場景中…面前有一本程式設計的書，還有一位幽默感很怪異的作者跟你說再見。

* * *

你剛看完的故事呈現出我的夢想，其中描繪出一旦我們爬出了涂林所設下的油陷坑，程式設計工作的可能樣貌。

本章所敘述的虛構工作流程，只是可以滿足我真正目標的一種人機介面罷了：透過足夠高階的方式，以問題解決的模式與電腦溝通，而不會只侷限在思考程式碼間的細微差異。

在本書中，我已經討論過許多如何在工具限制下工作的方式，不過我完全同意，我提過的建議只能減少日常工作上的部份障礙。為了讓我們的產業可以完全發揮潛能，我們需要一套從基礎開始打造，支持以人為本之核心價值的開發工具鏈。

雖然只限於特定的問題範疇，但目前已經存在不少能啟發我們的工具。低調的試算表或許是目前世界上能找到的最佳範例，它是這個故事中人機互動方式的靈感來源：

- 在試算表中，只要用滑鼠點幾下，打幾個字，就可讓它幫你計算 1 行數值的總和。你腦中想到「我要將這些數值加總起來」，你就可以把這些數值選起來，輸入 SUM 這個字後，總額就會出現在你輸入這個字的位置。

- 如果你要畫一張時間序列圖，可將一行時間戳記與一行對應的值選起來，然後選擇看起來像時間序列的圖即可。
- 如果要分享你的工作成果給某人，你會將檔案傳給他或者讓他能存取你共享出來的文件—他就能看到你所見的內容。

試算表中的資料與處理這些資料的函式間並沒有分別，原始碼與執行程式間也並沒有差別—它就只是一份文件，不過是一種功能強大的文件類型，不需要經過彆扭的心智轉換過程將它轉成低階語言，就可以做你交待給它的事。

現代網頁瀏覽器中的開發工具，跟它們感覺很像，其中它們讓你與眼前的網頁互動，不著痕跡地將「文件」與其底層物件模式混合起來。

就任何對 HTML 有基本瞭解的人而言，要在文件中找一個 `<h1>` 標籤，然後調整它的樣式，並不複雜，不過調整過程所需的時間與工作情境的中斷，讓這件事看來很像是程式設計。相對的，直接在網頁瀏覽器顯示的頁面中點一下標題，然後就可以啟動行內編輯器，讓你檢視該元件的屬性並進行調整，這完全是不同的感覺。它會讓你產生「我要提高這個標題的字體大小」的想法，然後在這種認知層次下進行工作，而不是讓你編寫一份靜態文字檔時，腦袋還需要擬模出 DOM 的結構。

所以我們要如何將類似的互動模式，套用到本章所描述的人行道回報問題上？簡短的答案是我們沒辦法套用—至少沒辦法用目前的開發工具來做。不過好消息是，並沒有任何困難的技術限制橫在我們面前，只需解決所使用的流程與工具並不適合現代應用軟體開發工作的問題即可。

* * *

用想像的方式來作個實驗，讓我們很快地回顧之前所描述的人行道報告，先將所有虛擬實境與人工智慧一些花樣擺在一旁。執行這類的分析只會牽涉到一些一般性的操作：

- 將街道位址轉成地理座標。
- 將地理座標對應到涵蓋此座標的區域。
- 透過網頁服務（web servers）匯出資料表。
- 執行基本的數值統整（排名、總和與平均等等。）

理論上，一套完善的工具組應可以讓上述的操作輕鬆完成，我們可以透過很多方式，將試算表或樣式的調整與瀏覽器的開發工具整合。實務上，要這樣做其實是滿複雜的。

因為我已經做好的報告與故事中所描述的類似，你可以找到許多可協助你做這些事的工具。即使你要自己製作工具，不需大費周章也可以將工作做好。

不過，使用我們現有的工具來執行這類報告的製作，會是一個很流暢與自然的流程嗎？絕對不會是。要將第三方程式庫、語言的核心函式資料格式與網頁服務的協定整合到流程裡是一件無聊的工作，除非你想要深入探究程式碼且「把事做對」，否則最後的產品一定是拼拼湊湊出來的。但要這樣子做，不但成本高，也不見得有價值。

此外，因為這些偶然產生的複雜度，所有要實作這份簡單報告的人，在努力維持思維清晰之時，仍要不斷地思考：「等等，我又要再處理什麼問題？」。

* * *

雖然軟體開發領域仍是漫漫長路，我期待事情會一年比一年好。有些人全為了工具、程式或用智慧挑戰複雜的問題。對其他的人而言，這些是必要而且憂關工作環境的事，但並不需以此來侷限我們的發展。

我的根本信念是程式員並不會比世上的其他人要來得不關心人的利益；只是你每天用大半時間在查找遺漏的分號、閱讀文件沒寫好的程式庫原始碼或者將某些文字傾印成二進位碼，想找出轉萬國碼（Unicode）時，可能沒轉好的部份。

我衷心盼望，我們要避免受那些粗糙、低階或無聊工具的影響，逐漸將之以較接近成果的東西來逐步取代，如此我們這種以技術為核心的產業所著重的，就會急劇且永久地轉變成以人為本的展望。

為了採納這個觀點，在現今接受任何挑戰時，要以之前用組合語言編寫程式而手動組合二進位資料區的方式來思考。在這種充滿數字與邏輯限制條件的情況下，我們就可容易地將整個軟體開發，視為是純粹的數學問題。

如此的抽象空間是實事求是的，你無法責難某些毫無疑問能達成任務要求的人，特別是那些發現自身的工作本身就是一種智識上獎勵的人。

現在請想想：接替我們的，下一世代的程式員，將會如何看待我們這個時代？

今日這樣做，明日你將得到令你感到自豪的聲譽。就我們每一個人而言，意義都不同。重要的是要去思考這個問題，在這條道路上，有許多事是我們可以相互協助完成的事。

我負責的部份就是寫這本書。我希望你樂在閱讀本書，而它也能帶給你一些可伴隨著你走過這趟旅程的想法。

感謝你閱讀本書，希望你工作順利！

附註：如果你對本書有任有問題，或者有任何主題需要討論，請不要客氣，寫份電郵給我（*gregory@practicingdeveloper.com*），或者也可以推文給我 *@practicingdev*。

幹得好！你已讀完軟體開發實務演練。

最後再分享一份禮物，請享用這份最後的挑戰[2]。

$	20	:	A	$	25	:	B	>	0B	>	37	50	52	4F	47
52	41	4D	4D	49	4E	47	20	42	45	59	4F	4E	44	20	50
52	41	43	54	49	43	45	53	50	52	4F	47	52	41	4D	4D
:	X	$	A	:	Y	^	>	35	49	4E	47	20	42	45	59
4F	4E	44	20	50	52	41	43	54	49	43	45	53	50	52	4F
47	52	41	?	Y	AA	+	X	-	Y	>	35	4D	4D	35	49
4E	47	20	42	45	59	4F	4E	44	20	50	52	41	43	54	49
43	45	53	?	B	F9	-	B	>	03	50	52	4F	47	52	41
35	4D	4D	35	49	4E	47	20	42	4F	4E	44	20	50	52	41
35	4D	4D	35	49	4E	47	20	42	4F	4E	44	20	4F	4E	!
35	4D	4D	35	49	4E	47	20	42	4F	#	X	^	>	37	41
$	0E	$	48	$	53	$	49	$	46	$	00	$	45	$	48
$	54	$	00	$	4C	$	4C	$	41	$	00	$	52	$	4F
$	46	$	00	$	53	$	4B	$	4E	$	41	$	48	$	54
$	00	$	44	$	4E	$	41	$	00	$	0C	$	47	$	4E
$	4F	$	4C	$	00	$	4F	$	33	>	A0	50	52	41	43

生命很神祕，如同一個巨大的「如果！」。不過生活的樂趣在於我們自己設定了我們所選擇的方向。有得有失。但每過一天，我們就會再成長一點而更不容易迷惑。

2 鄭重警告—這個謎題比前二個都難。但若你能想出「函式」為何，將之轉成虛擬碼，你還是能在紙上解開這個謎題。一步一步地操作會很無聊，做重要的，確認沒做錯就行了。

寫支程式去解碼這些訊息會比較有效率，不過若你用手寫方式逐步地將低階操作編組成較高階的函式，你學到的會更多。你也可以二種作法都嘗試看看。:-)

致謝

一本書如同一件辛勤編織而成的毯子，其中，作者只織了一部份。**軟體開發實務演練**之所以獨特，是因為有其他人的支持與貢獻，沒有這些人的幫忙，我無法獨立將它呈現給讀者。

第一個要感謝的就是您。本書是為了要好好服務讀者而寫的，但所有的負擔還是得由您來扛。因為您閱讀本書所花的時間與專注，遠超出我所能奢望的，衷心感謝您。

本書是在三位頂尖開發編輯的注目下所寫成的：傑夫・布雷依爾（Jeff Bleiel）、布萊恩・麥當勞（Brian MacDonald）以及麥克・勞克戴斯（Mike Loukides）。麥克是第一位要我考慮寫這本書的人，他也在整個專案的過程中，給予我支持與建議。布萊恩很早就進來幫忙，傑夫則孜孜不倦地在所有寫作專案中最具挑戰性的部份，與我並肩作戰一同奮鬥：即將一份結構鬆散的手稿變成一本值得閱讀的書。

很幸運地，我也有一個優秀的技術檢核團隊，其中包括邁可・費勒斯（Michael Feathers）、尼爾・香邁雷爾（Nell Shamrell）與沙朗・依特巴雷克（Saron Yitbarek）。此外還有一些匿名的實務專家，也都為本書提供了寶貴的建議。瓦德・克寧漢（Ward Cunningham）亦於本書剛開始編寫時，提供了簡要但意義深遠的建議。

史帝芬妮・摩里歐（Stephanie Morillo）是本書的文字編輯，她將本書一些不通順的生澀詞句，修飾成能夠讓您閱讀的內容。這本怪異的小書，需要有傑出的才子才能擔當這個角色—史帝芬妮完美地將這項任務完成。

克莉思汀・布朗以特別的精準、關注與耐心來指導本書的製作流程。這件事是我剛開始準備好要寫本書時，最擔心的事。不過我的顧慮在我們開始合作之後，很快就煙消雲散了。

雖然本書篇幅不長，但匯集了我與世界各地數百位聰穎與思慮周延之傑出人士的大量討論與經驗談。底下列出部份人士名單，以致謝意。因篇幅關係，僅列出部份，未盡完善。對所有幫助本書順利出版的先進，在此一併致。

> Ben Berkowitz • Sarah Bray • Florian Breisch • Melle Boersma • Ben Callaway • Christian Carter • Joseph Caudle • Mel Conway • Kenn Costales • Liam Dawson • Donovan Dikaio • Brad Ediger • Martin Fowler • Gregory Gibson • Melissa Gibson • Eric Gjersten • James Gifford • James Edward Gray II • David Haslem • Brian Hughes • Ron Jeffries • Alex Kashko • Kam Lasater • Tristan Lescut • Alexander Mankuta • Joseph McCormick • Steve Merrick • Alan Moore • Matthew Nelson • Carol Nichols • Calinoiu Alexandru Nicolae • Stephen Orr • Bruce Park • Srdjan Pejic • Vanja Radovanovic • Donald Reinertsen • Pito Salas • Clive Seebregts • Evan Sharp • Kathy Sierra • Derek Sivers • Danya Smith • Hunter Stevens • Jacob Tjørnholm • Gary Vaynerchuk • Jim Weirich • Solomon White • Jia Wu • Jan Žák

上列人士，有的是因他們的工作間接對我有所啟發，大部份是花了不少時間與我對一想法或專案進行討論，啟發了我過去一年來的研究與寫作的主題。

最後，我要向 O'Reilly Mdeia 所有創造出本書的工作人員表達我的感謝，感謝提姆．歐萊禮（Tim O'Reilly）創建了一家這麼棒的出版公司。即使這是個奇怪且困難的小案子，我仍然獲得必要的支援，讓它能順利面市。

索引

※提醒您：由於翻譯書排版的關係，部份索引名詞的對應頁碼會和實際頁碼有一頁之差。

F

G

H

I

J

K

L

M

N

O

關於作者

葛雷格利・布朗（Gregory Brown）自 2010 年起即經營獨立出版的 *Practicing Ruby* 期刊，他也是廣受歡迎之 Prawn PDF 生成程式庫的原始作者。

在各種規模的公司中擔任專案顧問時，他會與負責人一同找出可用最少程式碼解決的問題核心。

葛雷格利持續專注於編程工作，其中的 90%，無關乎寫程式的，是那些促使他編寫**軟體開發實務演練**的信念與對未來的期盼。

出版記事

軟體開發實務演練封面上的動物是秘魯蜘蛛猴（學名為 *Ateles chamek*），也被稱為黑臉蜘蛛猴。雖然其名如此，但我們可以在巴西、波利維亞與秘魯境內看到這種靈長類動物。牠棲習在低地森林間，以長臂與強壯的尾巴，靈活異常地在上層林木枝葉間擺盪。

秘魯蜘蛛猴是一種體型瘦長、毛色暗黑且具有一張黑臉的動物。一般的公母猴的體型差不多，平均體重有 15-20 磅，身長約 24 吋（不計尾巴，尾巴長約有 36 吋甚至更長）。牠們生來就適合於樹梢上，透過變長的手指、靈活的肩關節與部份沒有長毛的尾巴尖，可以牢實地抓在樹枝上。蜘蛛猴的主食是水果，牠們也會吃一些樹葉、昆蟲、蛋、蜂蜜以及像鳥類或蛙類這類小型動物。

如同大多數的靈長類動物，秘魯蜘蛛猴也是群聚性的動物。因為母猴要離群幾個月去生產，其社會組織會隨著季節而有所變化。新生的蜘蛛猴約莫在 10 個月大時就可以獨立生活，不過要長到 4 歲後才有生育能力。牠們的叫聲很豐富，可發出如尖叫（screams）、吠叫（barks）以及像馬的嘶叫聲。透過揮動手臂或搖晃樹枝的方式，對同伴發出危險的警告。

就像許多原生於熱帶雨林的動物那樣，秘魯蜘蛛猴的生存亦受到許多威脅。除了伐木與農業活動所造成的棲地縮減外，牠與其他大型動物亦因亞馬遜地區的獸肉交易活動，受到過度捕殺。

O'Reilly 書籍封面上的許多動物都面臨了瀕臨絕種的危機；牠們都是這個世界重要的一份子。如想瞭解您可以如何幫助牠們，請拜訪 *animals.oreilly.com* 以取得更多訊息。

封面圖片取自於一松板畫，來源不明。

軟體專案開發實務｜別只當編程猴

作　　者：Gregory T. Brown
譯　　者：陳健文
企劃編輯：蔡彤孟
文字編輯：王雅雯
設計裝幀：陶相騰
發 行 人：廖文良

發 行 所：碁峰資訊股份有限公司
地　　址：台北市南港區三重路 66 號 7 樓之 6
電　　話：(02)2788-2408
傳　　真：(02)8192-4433
網　　站：www.gotop.com.tw
書　　號：A513
版　　次：2017 年 11 月初版
建議售價：NT$400

國家圖書館出版品預行編目資料

軟體專案開發實務：別只當編程猴 / Gregory T. Brown 原著；陳健文譯. -- 初版. -- 臺北市：碁峰資訊, 2017.11
面； 公分
譯自：Programming Beyond Practices
ISBN 978-986-476-619-2(平裝)
1.軟體研發 2.電腦程式設計
312.2 106017647

讀者服務

- 感謝您購買碁峰圖書，如果您對本書的內容或表達上有不清楚的地方或其他建議，請至碁峰網站:「聯絡我們」\「圖書問題」留下您所購買之書籍及問題。(請註明購買書籍之書號及書名，以及問題頁數，以便能儘快為您處理)
http://www.gotop.com.tw
- 售後服務僅限書籍本身內容，若是軟、硬體問題，請您直接與軟體廠商聯絡。
- 若於購買書籍後發現有破損、缺頁、裝訂錯誤之問題，請直接將書寄回更換，並註明您的姓名、連絡電話及地址，將有專人與您連絡補寄商品。
- 歡迎至碁峰購物網
http://shopping.gotop.com.tw
選購所需產品。